Hochenergiephysik
Quelle wissenschaftlicher Erkenntnis
Quelle technischen Fortschritts

Veröffentlichung
des Bundesministeriums für Wissenschaft und Forschung

Mit Beiträgen von
H. Pietschmann · W. Bartl · W. Kummer
und einem Vorwort von
Bundesminister Dr. Hertha Firnberg

1972

Springer-Verlag
Wien · New York

Mit 17 Abbildungen

Alle Rechte vorbehalten
Kein Teil dieses Buches darf ohne schriftliche Genehmigung
des Bundesministeriums für Wissenschaft und Forschung übersetzt
oder in irgendeiner Form vervielfältigt werden
Copyright 1972 by Bundesministerium für Wissenschaft und Forschung in Wien

ISBN-13: 978-3-211-81052-1   e-ISBN-13: 978-3-7091-7589-7
DOI: 10.1007/978-3-7091-7589-7

Inhaltsverzeichnis

Seite

Bundesminister Dr. phil. Hertha Firnberg

Vorwort 5

Hochschulprof. Dr. Herbert Pietschmann

Eine Billion eV — Entwicklungstendenzen der Hochenergiephysik   7

Dr. phil. Walter Bartl
Hochschulprof. Dr. Wolfgang Kummer

Die Stimulierung des technischen Fortschrittes
durch die Hochenergiephysik 23

Vorwort

Der österreichische Staat hat, im Verhältnis zu den Beträgen, die er Forschungszwecken widmet, bedeutende Mittel für Untersuchungen auf dem Gebiet der Hochenergiephysik verwendet, wobei das Schwergewicht auf der internationalen Zusammenarbeit im Europäischen Kernforschungsinstitut in Genf (CERN) und beim Institut für Hochenergiephysik der Österreichischen Akademie der Wissenschaften liegt.

In den Vorträgen, die von diesem Institut im April 1971 gemeinsam mit dem Außeninstitut der Technischen Hochschule Wien und dem Bundesministerium für Wissenschaft und Forschung veranstaltet worden sind und die nun in dieser Veröffentlichung publiziert werden, wurde in umfassender Weise die wissenschaftliche und technische Bedeutung der Hochenergiephysik dargestellt und die Notwendigkeit einer ausreichenden Forschung auf diesem Gebiet begründet.

Diese fachlichen Ausführungen möchte ich nur durch eine allgemeine Überlegung ergänzen.

Die Hochenergiephysik ist neben und mit der Kosmologie das Gebiet der Naturforschung, das den Dialog mit der Philosophie, insbesondere mit der Erkenntnistheorie, nie ganz unterbrochen hat. Es ist hier ganz bestimmt nicht — wie in vielen anderen Gebieten der Wissenschaft — möglich, Forschung auf dem erkenntnistheoretischen Boden eines naiven Realismus zu betreiben. Die Forschungsarbeiten in der Hochenergiephysik sind auch heute noch philosophisch triftig, sie sind Grundlagenforschung im emphatischen Sinne des Wortes, nicht nur im Sinne der Grundlegung neuer möglicher technischer Verfügbarkeit über Natur, obwohl natürlich auch das. Hoch-

energiephysik und Kosmologie nehmen — in abgeschwächter Form — im Gebäude der heutigen Wissenschaft vielleicht einen ähnlichen Platz ein wie einst die Arbeiten Galileis in der Astronomie, die das mittelalterliche Weltbild entscheidend verändert haben, oder eines Darwin, der die mythologischen Reste in der entwicklungsgeschichtlichen Selbstinterpretation der Menschen wissenschaftlich beseitigt hat. In diesen Wissenschaftszweigen ist noch ein Residuum dessen lebendig, was mir die vornehmste Aufgabe der Wissenschaft und des menschlichen Geistes überhaupt zu sein scheint: Nicht nur die Instrumentalisierung der Natur im Dienste des Menschen vorzubereiten — eine Aufgabe, die die moderne Naturwissenschaft seit ihren Anfängen übernommen hat —, sondern auch auf direktem Wege, über die Selbstaufklärung der Menschen über sich selbst und über das Universum, das ihn umgibt, emanzipatorisch wirksam zu sein.

Dr. Hertha Firnberg
Bundesminister für Wissenschaft und Forschung

Eine Billion eV —
Entwicklungstendenzen der Hochenergiephysik

Herbert Pietschmann

Eine Billion Elektronvolt

Der 27. Jänner 1971 wurde zu einem denkwürdigen Datum in der Geschichte der Hochenergiephysik; erstmals wurde in einem kontrollierten Experiment im Laboratorium eine Energie von einer Billion eV erreicht.

Stellen wir uns eine Million Wasserstoffatome im Gedanken vor; es ist dies ein Würfel, dessen Kante aus jeweils 100 Wasserstoffatomen gebildet wird. Die gesamte Masse dieses Würfelchens müßte man in Energie verwandeln und als kinetische Energie einem einzigen Wasserstoffkern zuführen, damit dieser die Energie von einer Billion eV erhält. Tatsächlich wurde hier jedoch eine andere, trickreiche Methode verwendet: Wasserstoffkerne, die Protonen, werden in einer Beschleunigungsmaschine auf Energien in der Größenordnung von 10 Milliarden eV gebracht und dann in zwei einander kreuzenden sogenannten Speicherringen gegenläufig gespeichert. Am Kreuzungspunkt treffen sie dann zusammen, und ein derartiger „Frontalzusammenstoß" entspricht einer Energie eines einzelnen Teilchens von 1 Billion eV.

Zwar faszinieren diese Tatsachen an sich, sie bilden eines jener Abenteuer in der Geistesgeschichte der Menschheit, deren Durchführung eigentlich keiner weiteren Rechtfertigung bedürfte, wir wollen uns jedoch trotzdem nun der Frage zuwenden, warum die Hochenergiephysiker immer größere Energien für ihre Experimente anstreben. Vorher jedoch wollen wir uns in einem kurzen historischen Rückblick die rein äußerliche Entwicklung der Hochenergiephysik vergegenwärtigen. Für den Beschauer, der nicht hinter die Kulissen zu blicken vermag, ist hier in den letzten 60 Jahren eine ständig anschwellende Aktivität wie ein artesischer Brunnen in der Wüste ins Leben getreten. Erst der Blick hinter die Kulissen, der hier einfacher ist, als manche befürchten, erklärt die Faszination, die von dieser Aktivität ausgeht und die bedauerlicherweise von der Öffentlichkeit sehr häufig zuwenig beachtet wird.

$$y = \frac{Qdm}{2\pi r^2 \sin\phi d\phi} = \frac{ntb^2 \cdot Q \cdot \csc^4 \phi/2}{16r^2} \quad \ldots \quad (1911)$$

$$\frac{d\sigma}{dt} = \frac{1}{4\pi(s-m^2)^2} \Big[\frac{|\sin\theta_t|^2(1+\cos 2\phi_\gamma)|t-(Y+m)^2||t|^{-1}|\gamma_{\frac{1}{2}\frac{1}{2}}^K|^2(\frac{s}{s_0})^{2(\alpha_K-1)}\alpha_K^2}{|\Gamma(\alpha+1)\sin\frac{1}{2}\pi\alpha_K|^2} +$$

$$+ (1-\cos 2\phi_\gamma)|\sin\theta_t|^2(t-m_K^2)^2|t-(m-Y)|^2 \Big(\frac{\alpha_C^2|t|^{-1}|\gamma_{\frac{1}{2}\frac{1}{2}}^C|^2(\frac{s}{s_0})^{2(\alpha_C-1)}}{|\Gamma(\alpha_C+1)\sin\frac{1}{2}\pi\alpha_C|^2} +$$

$$+ \frac{\alpha_V^2|t|^{-1}|\gamma_{\frac{1}{2}\frac{1}{2}}^V|^2(\frac{s}{s_0})^{2(\alpha_V-1)}}{|\Gamma(\alpha_V+1)\cos\frac{1}{2}\pi\alpha_V|^2} + \frac{\alpha_T^2|t|^{-1}|\gamma_{\frac{1}{2}\frac{1}{2}}^T|^2(\frac{s}{s_0})^{2(\alpha_T-1)}}{|\Gamma(\alpha_T+1)\sin\frac{1}{2}\pi\alpha_T|^2} +$$

$$+ \frac{2\alpha_C\alpha_V\sin\frac{1}{2}\pi(\alpha_V-\alpha_C)\gamma_{\frac{1}{2}\frac{1}{2}}^C \gamma_{\frac{1}{2}\frac{1}{2}}^V(\frac{s}{s_0})^{\alpha_C+\alpha_V-2}}{|\Gamma(\alpha_C+1)\Gamma(\alpha_V+1)\sin\frac{1}{2}\pi\alpha_C\cos\frac{1}{2}\pi\alpha_V|} +$$

$$+ \frac{2\alpha_C\alpha_T \gamma_{\frac{1}{2}\frac{1}{2}}^C \gamma_{\frac{1}{2}\frac{1}{2}}^T \cos\frac{1}{2}\pi(\alpha_T-\alpha_C)(\frac{s}{s_0})^{\alpha_C+\alpha_T-2}}{|\Gamma(\alpha_C+1)\Gamma(\alpha_T+1)\sin\frac{1}{2}\pi\alpha_C\sin\frac{1}{2}\pi\alpha_T|} \Big)$$

$$+ (1+\cos^2\theta_t-\cos 2\phi_\gamma\sin^2\theta_t)\frac{\alpha_K^4|t-(m+Y)^2|t^{-2}|\gamma_{\frac{1}{2}-\frac{1}{2}}^K|^2(\frac{s}{s_0})^{2(\alpha_K-2)}}{|\Gamma(\alpha_K+1)\sin\frac{1}{2}\pi\alpha_K|^2} +$$

$$+ (1+\cos^2\theta_t+\cos 2\phi_\gamma\sin^2\theta_t)(t-m_K^2)^2|t-(m-Y)|^2 \Big(\frac{|\gamma_{\frac{1}{2}-\frac{1}{2}}^C|^2(\frac{s}{s_0})^{2(\alpha_C-1)}\alpha_C^2|t|^{-2}}{|\Gamma(\alpha_C+1)\sin\frac{1}{2}\pi\alpha_C|} +$$

$$+ \frac{\alpha_V^4|\gamma_{\frac{1}{2}-\frac{1}{2}}^V|^2(\frac{s}{s_0})^{2(\alpha_V-1)}}{|\Gamma(\alpha_V+1)\cos\frac{1}{2}\pi\alpha_V|} + \frac{\alpha_T^2|\gamma_{\frac{1}{2}-\frac{1}{2}}^T|^2(\frac{s}{s_0})^{2(\alpha_T-1)}}{|\Gamma(\alpha_T+1)\sin\frac{1}{2}\pi\alpha_T|^2} +$$

$$+ 2\sin\frac{1}{2}\pi(\alpha_V-\alpha_C)|t|^{-1} \frac{\gamma_{\frac{1}{2}-\frac{1}{2}}^C \gamma_{\frac{1}{2}-\frac{1}{2}}^V(\frac{s}{s_0})^{\alpha_C+\alpha_V-2}}{|\Gamma(\alpha_C+1)\Gamma(\alpha_V+1)\sin\frac{1}{2}\pi\alpha_C\cos\frac{1}{2}\pi\alpha_V|} +$$

$$+ \frac{2\cos\frac{1}{2}\pi(\alpha_T-\alpha_C)\gamma_{\frac{1}{2}-\frac{1}{2}}^C \gamma_{\frac{1}{2}-\frac{1}{2}}^T(\frac{s}{s_0})^{\alpha_C+\alpha_T-2}}{|\Gamma(\alpha_C+1)\Gamma(\alpha_T+1)\sin\frac{1}{2}\pi\alpha_C\cos\frac{1}{2}\pi\alpha_V|} \Big) +$$

$$+ 4\cos\theta_t(t-m_K^2)|[t-(m+Y)^2][t-(m-Y)^2]|^{1/2} \gamma_{\frac{1}{2}-\frac{1}{2}}^K(\frac{s}{s_0})^{\alpha_K-1}\alpha_K^2$$

$$\cdot \Big(\frac{t^{-2}\gamma_{\frac{1}{2}-\frac{1}{2}}^C\alpha_C\cos\frac{1}{2}\pi(\alpha_K-\alpha_C)(\frac{s}{s_0})^{\alpha_C-1}}{|\sin\frac{1}{2}\pi\alpha_C\Gamma(\alpha_C+1)\Gamma(\alpha_K+1)\sin\frac{1}{2}\pi\alpha_K|} +$$

$$+ \frac{t^{-1}\sin\frac{1}{2}\pi(\alpha_V-\alpha_K)\alpha_V^2 \gamma_{\frac{1}{2}-\frac{1}{2}}^V(\frac{s}{s_0})^{\alpha_V-1}}{|\Gamma(\alpha_K+1)\Gamma(\alpha_V+1)\sin\frac{1}{2}\pi\alpha_K\cos\frac{1}{2}\pi\alpha_V|} + \quad (1968)$$

$$+ \frac{t^{-1}\alpha_T \gamma_{\frac{1}{2}-\frac{1}{2}}^T \cos\frac{1}{2}\pi(\alpha_K-\alpha_T)(\frac{s}{s_0})^{\alpha_T-1}}{|\Gamma(\alpha_T+1)\Gamma(\alpha_K+1)\sin\frac{1}{2}\pi\alpha_K\sin\frac{1}{2}\pi\alpha_V|} \Big) \Big]$$

Abbildung 1: Streuformeln — einst und heute

Die äußere Entwicklung der Hochenergiephysik

Sehr häufig wird die Geburtsstunde der Hochenergiephysik in das Jahr 1946 gelegt, das den experimentellen Nachweis des ersten Kernkraftteilchens, des sogenannten π-Mesons, erbrachte. Man kann jedoch mit gutem Grund den Beginn der Hochenergiephysik in das Jahr 1911 zurückverlegen: Damals begründete Sir Ernest R u t h e r f o r d mit seinen Streuexperimenten die Methode der Hochenergiephysik. *Streuexperimente* sind es bis heute, die uns Aufschluß über die kleinsten Bausteine der Materie geben. Waren es damals noch Alpha-Teilchen einer radioaktiven Quelle, die an Atomkernen gestreut und durch das Aufblitzen auf einem Szintillationsschirm gemessen wurden, so werden heute die Streuteilchen in riesigen Maschinen auf höchste Energien gebracht und nach ihrer *Streuung* am sogenannten Target in komplizierten Zählanlagen gemessen oder aber in Spurenkammern sichtbar gemacht. Die rasche Entwicklung, die seit dem Jahr 1911 stattgefunden hat, erfordert eine immer weitergehende Koordinierung. So ist gerade die Hochenergiephysik zu einem Beispiel für Zusammenarbeit nicht nur in Gruppen, sondern über die Grenzen von Nationen hinweg geworden. Große internationale Kol-

---

„*I desire to express my thanks to Mr. William Kay for his invaluable assistance in counting scintillations.*"
(Professor Sir Ernest Rutherford, April 1919)

„*We would like to thank Professor J. Steinberger who participated in the design and in the earlier part of this experiment, and Professor W. Paul, P. Preiswerk and H. Faissner for support and encouragement. We acknowledge the assistance of Mr. J. Daub and Dr. P. Zanella, who made the measurement of the events on Luciole possible. Dr. L. Caneschi has helped in the running of the experiment. The detection apparatus was built with the help of Messrs. F. Blythe, K. Bussmann, J. M. Fillot, and G. Muratori. Finally, we would like to thank Dr. G. Petrucci, the CPS staff, and especially Dr. L. Hoffmann for the setting up and operation of the slow ejected proton beam.*"
(A. Bohm, P. Darriulat, C. Grosso, V. Kraftanov, K. Kleinknecht, H. L. Lynch, C. Rubbia, H. Ticho, and K. Tittel, 30 May 1968)

Abbildung 2: Hochenergie-Experimente — Verdankungen einst und heute

laborationen funktionieren einwandfrei, und das europäische Kernforschungszentrum dient häufig als Beispiel einer glücklichen europäischen Zusammenarbeit. Waren es am Beginn einzelne Forscherpersönlichkeiten, die in Theorie und Experiment die Hochenergiephysik weiterbrachten, so ist heute an jedem Experiment, aber auch an den meisten theoretischen Entwicklungen eine Vielzahl von Autoren beteiligt. Die ersten beiden Abbildungen zeigen Beispiele, wie sich Theorie und Experiment seit dem Jahr 1911 entwickelt haben, und die Abbildung 3 zeigt jene denkwürdige Publikation über die ersten gemessenen Ereignisse an den Speicherringen beim europäischen Kernforschungszentrum in Genf. Hier werden gar keine Autoren mehr genannt, die Publikation nennt nur noch ein Kollektiv als Autor.

Volume 34 B, number 5   PHYSICS LETTERS   15 March 1971

**FIRST OBSERVATION OF COLLIDING BEAM EVENTS
IN THE CERN INTERSECTING STORAGE RINGS (ISR)**

The ISR STAFF
CERN, Geneva, Switzerland
Received 18 February 1971

Recently the first colliding beam events were detected in the CERN ISR. The counting rates due to colliding beam events were between one and two orders of magnitude larger than the rates of accidentals caused by background and agreed within a factor 2 with the calculated luminosity.

Abbildung 3: Die ersten Ergebnisse an den Speicherringen.

Dies führt uns wieder auf die wesentliche Frage — den Blick hinter die Kulissen — zurück: Was ist der Motor, der alle Schwierigkeiten bei internationalen Kollaborationen und bei Gruppenarbeiten überwinden hilft, was ist es, das den Hochenergiephysiker zu diesen großartigen Anstrengungen bringt?

Warum braucht man immer größere Energien?

Eine der größten geistigen Leistungen unseres Jahrhunderts ist zweifellos die Erfindung der Quantenmechanik, einer physikalischen Theorie, die ursprünglich auf Werner H e i s e n b e r g und Erwin S c h r ö d i n g e r zurückgeht.

Die Quantenmechanik ist sowohl in ihrer mathematischen Grundlage als auch in ihrer Interpretation äußerst kompliziert und erforderte ein vollständiges Umdenken der Physiker. Es genügt uns hier jedoch, auf eine der grundlegenden Beziehungen der Quantenmechanik, die sogenannte *Heisenberg'sche Unschärferelation*, zurückzugreifen.

Formelmäßig ausgedrückt, schreibt sich die Heisenberg'sche Unschärferelation:

$$\Delta x \, \Delta p \geq \frac{\hbar}{2} \quad (1)$$

wobei Δx die Unsicherheit ist, mit der eine Ortsvariable x gemessen wird; Δp ist die analoge Unsicherheit in der Messung des Impulses. $\hbar$ ist das Planck'sche Wirkungsquantum, geteilt durch 2π.

Inhaltlich besagt die Unschärferelation, daß es nicht möglich ist, Ort und Impuls eines Teilchens gleichzeitig zu messen. Es ist dies der erste Ansatz für die Überwindung der Diskrepanz zwischen Teilchenbild und Wellenbild. Bekanntlich hatte bereits im Jahre 1905 Albert E i n s t e i n postuliert, daß Licht nicht unbedingt als Wellenbewegung aufgefaßt werden muß, daß Licht vielmehr auch gewisse Eigenschaften von Teilchen zeigt. Er leitete dieses Ergebnis aus einer Studie des photoelektrischen Effektes ab und erhielt dafür den Nobelpreis. Ebenso konnte später nachgewiesen werden, daß Teilchen, wie z. B. Elektronen oder Kernteilchen, typische Welleneigenschaften zeigen. Die Überwindung dieser offensichtlichen Diskrepanz im sogenannten *Welle-Teilchen-Dualismus* geschieht mathematisch in eindeutiger Weise, die keinerlei rechnerische Schwierigkeiten offen läßt. Interpretatorisch ist ein derartiger Dualismus natürlich schwer vorzustellen. Man kann entweder vom Teilchenbild ausgehen und im Sinne der Unschärferelation immer mitdenken, daß Ort und Impuls oder Geschwindigkeit eines Teilchens nicht gleichzeitig festgestellt werden können, daß dem Teilchen also keine Bahn zugeordnet werden kann. Umgekehrt kann man vom Wellenbild ausgehen, muß sich dabei aber vergegenwärtigen, daß die Welle nur ein Maß für die Aufenthaltswahrscheinlichkeit des zugehörigen Teilchens darstellt. Auf diesem Wege können in der Quantenmechanik Wellen- und Teilcheneigenschaften vereinheitlicht werden.

Aus der Heisenberg'schen Unschärferelation lassen sich nun viele physikalische Ergebnisse wenigstens qualitativ herleiten. Beispielsweise ergibt sich daraus, daß eine genaue Ortsvermessung sehr große Impulsunschärfen und damit sehr große Energien erfordert, da natürlich die Impulsunschärfe größenordnungsmäßig nicht beträchtlich über dem Betrag des Impulses liegen kann. Daraus folgt, daß man mit Energien von 1 GeV höchstens Distanzen bis zu $2 \cdot 10^{-14}$ cm ausloten kann. Kleinere Distanzen erfordern höhere Energien. Eine weitere Konsequenz ist natürlich sofort gegeben: *Die Erforschung des Kleinsten erfordert immer höhere Energien.*

Damit ist die Frage, warum man Hochenergieforschung bei immer höheren Energien treibt, auf die Frage zurückgeführt: Warum erforschen wir den Mikrokosmos, warum wollen wir zu kleinsten Distanzen kommen?

Die Frage nach den Elementen der Materie — damit die Frage nach den „kleinsten Bausteinen" — liegt seit jeher an der Basis der Naturwissenschaft. Zusammen mit der Kosmologie ist die Frage nach den Elementen der Materie wohl an die Spitze des Fragenkataloges zu stellen, den wir in wissenschaftlicher Weise an die Natur zu richten haben. Wenn sich die Kosmologie zur Aufgabe stellt, das Weltall in seiner Gesamtheit zu erforschen, so ist es die Elementarteilchen- oder Hochenergiephysik, die sich die Aufgabe gestellt hat, die Materie des Kosmos in die kleinsten Bestandteile zu zerlegen und zu fragen, was am Grunde der Materie zu finden ist, was die Materie aufbaut, „was die Welt im Innersten zusammenhält". In diesem Zusammenhang ist es gerade heute sehr interessant zu erleben, wie sich Hochenergiephysik und Kosmologie nähertreten und wie sie beginnen, aufeinander angewiesen zu werden. Die Kosmologie benötigt die Erkenntnisse der Hochenergiephysik, um die Vorgänge bei der Entstehung des Weltalls, aber auch um die neuentdeckten Energiequellen im Universum zu erklären. Umgekehrt beginnt die allgemeine Relativitätstheorie, die Basis der Kosmologie, immer mehr Einfluß auf die Elementarteilchenphysik auszuüben.

Es ist sehr wesentlich, hier zu bemerken, daß viele andere Zweige der Physik ihre theoretischen Methoden von den Methoden der theoretischen Hochenergiephysik ableiten. Wenn die Hochenergiephysik neue Techniken entwickelt, um ihre ungeheuer komplexen Probleme in den Griff zu bekommen, dann erweisen sich dieselben Methoden meist sehr bald auch nützlich zur Lösung der Probleme auf anderen Gebieten der Physik. Es sei hier nur als ein Beispiel die Festkörperphysik erwähnt, in der die feldtheoretischen Methoden der Hochenergiephysik seit längerer Zeit Eingang gefunden haben.

Einer der bedeutendsten Hochenergiephysiker erzählte einmal von seinen Erfahrungen aus der Kriegszeit, als er eingesetzt war, um komplizierte Radarantennen zu berechnen. Gewohnt, immer von der Basis, immer von den Grundlagen auszugehen, versuchte er, die Antennen mit Hilfe der Maxwell'schen Gleichungen zu berechnen. Sehr bald mußte er jedoch einsehen, daß dies gar nicht möglich war. In der Praxis sind die Probleme viel zu kompliziert, um sie von der Basis her aufzurollen. Es wäre beispielsweise ein vergebliches Bemühen, wollte man die elektrische Anziehung zweier Probekörper dadurch theoretisch beschreiben, daß man sie auf die Wechselwirkungskräfte der die beiden Probekörper aufbauenden Elementarteilchen zurückführt. Vielmehr gibt es zur Beschreibung realistischer Probleme phänomenologische Theorien, die häufig mit Hilfe von empirischen Gleichungen die Lösung weit besser erzielen.

Wenn es also auch so scheinen könnte, daß die an der Basis der Physik gewonnenen Grundgleichungen nicht zur Bewältigung realistischer Probleme verwendet werden können, so darf man hier nicht vergessen, daß die *Methoden zur Bewältigung komplexerer, realistischer Phänomene* immer *Derivate der Methoden an der Basis der Physik sind.* Ohne die Maxwell'schen Gleichungen wäre an ein Lösen der komplexen Probleme in der drahtlosen Telegraphie beispielsweise überhaupt nicht zu denken, wenn es auch meist empirische Gleichungen sind, die dann tatsächlich angewendet werden.

Daraus ergibt sich jedoch sofort die unbedingte Notwendigkeit der Forschung an der Basis. Ohne diese „Basisforschung" käme der Wissenschaftsprozeß überhaupt zum Stillstand. So ist es unter anderem auch die Hochenergiephysik, von der immer wieder treibende Kräfte ausgehen, die, als Keimsäfte von den Wurzeln kommend, an den Enden der Zweige des Baumes der Physik ihre Früchte treiben. In diesem Sinne sagte der bedeutende Physiker und Mathematiker Hermann W e y l in einem Gespräch zum spanischen Philosophen O r t e g a y G a s s e t : „Wenn eine Generation lang die spezifisch physikalische Begabung aussetzte, wäre es nicht undenkbar, daß der komplizierte Bau der gegenwärtigen Physik verfiele und späteren Geschlechtern nur noch als skurrile Spekulation erschiene. Eine Vorbereitung von vielen Jahrhunderten war nötig, um das Instrument des Verstandes an die komplizierte Abstraktheit der theoretischen Physik anzupassen. Irgendein Ereignis kann eine so wunderbare menschliche Fähigkeit, die außerdem die Grundlage der zukünftigen Technik bildet, wieder verschütten."

In einer sachlich begründeten Aufstellung meist an letzter Stelle, für die Motivation des Hochenergiephysikers selbst jedoch meist an erster Stelle zu reihen, ist schließlich die Faszination, die von jeder Forschung, vor allem von der Forschung nach den Elementarbausteinen der Materie schlechthin ausgeht. Wir sollten diese Triebfeder menschlichen Forscherdranges nicht unterschätzen, denn ohne sie würde auch die schönste und beste Liste von Argumenten nicht zu der oft aufopfernden Hingabe an die Wissenschaft führen, ohne die letztlich keine echten Erkenntniswerte geschaffen werden könnten.

Zentrale Forschungsaufgaben der Hochenergiephysik

Als erste und unmittelbarste Aufgabe jedes Zweiges der naturwissenschaftlichen Forschung ist die *Bestandsaufnahme* zu nennen. Wir kennen schon jetzt mehr verschiedene Elementarteilchen als verschiedene chemische Elemente; es ist klar, daß es gilt, in systematischer Forschung das Feld zu durchkämmen und möglichst alle Eigenschaften aller Elementarteilchen kennenzulernen. Dies geschieht mit Hilfe der Hochenergiebeschleunigungsmaschinen. Wir haben schon gelernt, daß man zur Erforschung immer kleinerer Bausteine der Materie immer höhere Energien braucht. So konnte noch das Atom als Ganzes mit Hilfe spektroskopischer Geräte untersucht werden, also mit Hilfe von Geräten, die Energien von einigen Elektronenvolt (eV) übertragen. Schon zur Erforschung des Atomkernes wurden viel höhere Energien — nämlich Kiloelektronvolt (keV) — benötigt. Dazu mußten bereits einfache Beschleunigungsmaschinen gebaut werden. In gewisser Weise stellt die Erforschung des Atomkernes eine Wiederholung der Erforschung der Atomhülle auf tieferer Ebene dar, man kann von der Kernspektroskopie sprechen. Wenn wir heute auf einer dritten — noch tieferen — Ebene Spetroskopie betreiben, so brauchen wir zu dieser „Elementarteilchen-Spektroskopie" noch höhere Energien — Gigaelektronvolt (GeV). Um sich ein annäherndes Bild von den Verhältnissen zu machen, ist es vielleicht nützlich, sich das Schema eines Atomspektrums zu vergegenwärtigen (Abbildung 4). Ganz ähnlich sieht ein Elementarteilchenspektrum aus, wie es etwa in Abbildung 5 dargestellt ist. Abbildung 6 dagegen zeigt in vergleichender Weise die drei Arten der Spektroskopie, wie sie in unserem Jahrhundert entwickelt wurden.

Ein volles Verständnis des Aufbaues und der Struktur der Atome war erst möglich, als das Ordnungsschema der verschiedenen Atomarten, das Periodensystem der chemischen Elemente gefunden war. Es sei daran erinnert, daß es das Periodensystem der chemischen Elemente gestattete, neue Atomarten in allen ihren Eigenschaften vorherzusagen, die dann auch empirisch gefunden wurden. Im Jahre 1961 gelang dem amerikanischen Physiker Murray G e l l - M a n n die Auffindung des *Periodensystems der Elementarteilchen*. Im Jahre 1969 erhielt er für diese sogenannte „Unitäre Symmetrie der Elementarteilchen" den Nobelpreis für Physik. Auch das Periodensystem der Elementarteilchen gestattete Vorhersagen neuer Teilchen mit allen ihren Eigenschaften; ihre Bestätigung fand diese Theorie, nachdem die so vorhergesagten Elementarteilchen tatsächlich gefunden werden konnten.

So wie es ein Verständnis des Periodensystems der chemischen Elemente gestattete, die Atome in Elementarteilchen zu „zerlegen", d. h., sie aus Elementarteilchen aufgebaut zu verstehen, so erhebt sich nun die Frage: Sind die

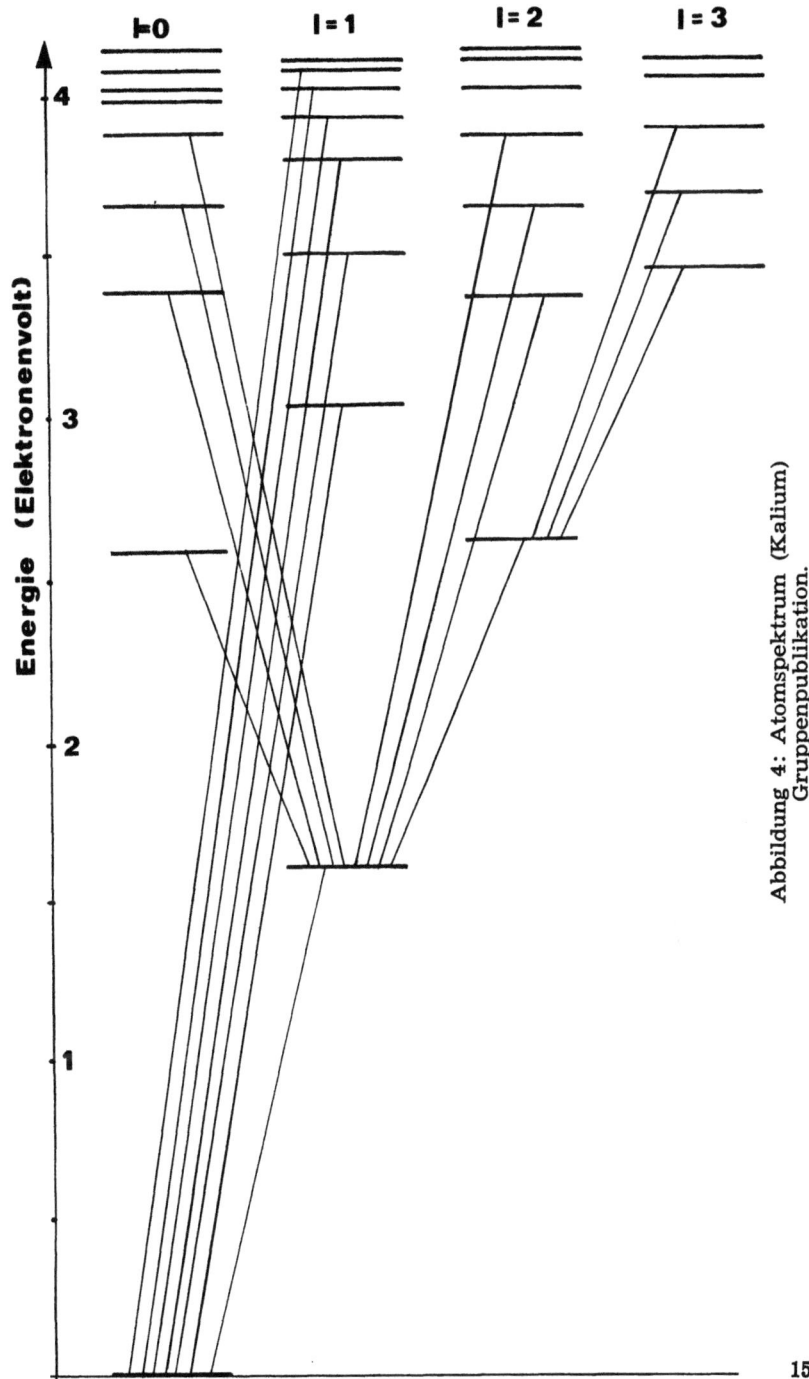

Abbildung 4: Atomspektrum (Kalium) Gruppenpublikation.

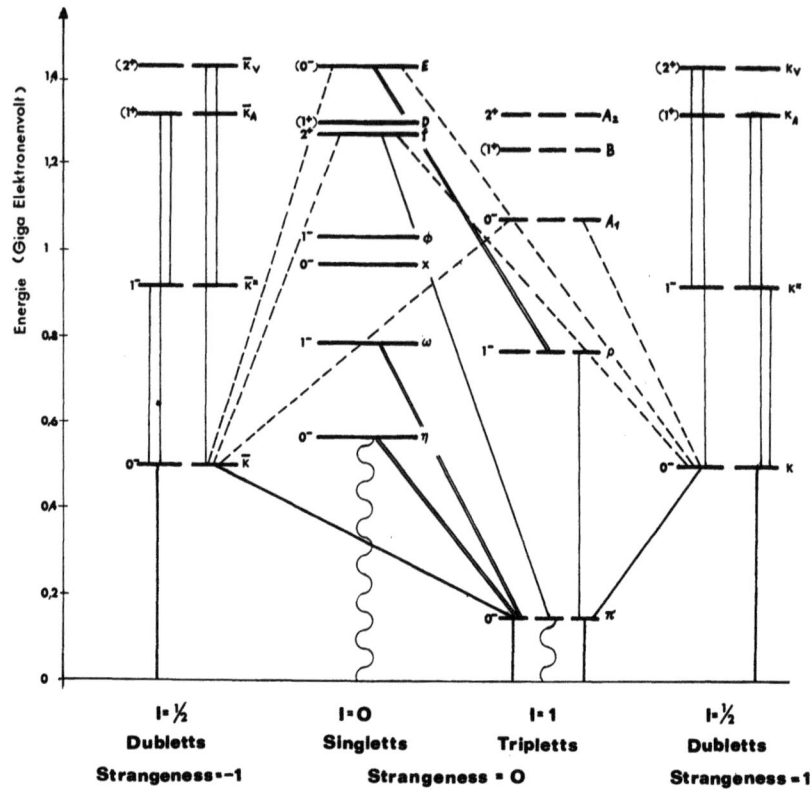

─── π Übergang	∿∿ 2 Photon Übergang	π Pion	ω Omega
κ oder κ̄ Übergang	─── schwache Wechselwirkung	κ, κ̄ Kaon	ρ Rho
2 π Übergang	(e,ν)(μ,ν),(schwacher π)	η Eta	φ Phi

Abbildung 5: Elementarteilchen-Spektrum (nach V. Weisskopf)

Elementarteilchen die letzten „kleinsten" Bausteine der Materie oder sind sie selbst wieder zusammengesetzt aus *Fundamentalteilchen*? Es gibt verschiedene theoretische Versuche, die Elementartcilchen in Fundamentalteilchen zu „zerlegen". Wir erwähnen hier die sogenannten *Quarks*, von denen es drei verschiedene geben soll und aus denen man alle Elementarteilchen zusammensetzen kann; ferner seien die sogenannten *Partonen* erwähnt, die gerade in letzter Zeit im Zusammenhang mit der Streuung von Elektronen höchster Energie viel diskutiert werden. Es ist wiederum eine der wesentlichen Fragen, die die Hochenergiephysik mit neuen großen Beschleunigungsmaschinen zu beantworten haben wird: Gibt es Fundamentalteilchen oder sind wir trotz der Vielzahl der Elementarteilchen schon jetzt an die letzten Bausteine der Materie gelangt? Eines ist jedoch jetzt schon sicher: Selbst wenn die Elementarteilchen weiter „teilbar" sind, so sind wir doch schon jetzt an eine Grenze der Teilbarkeit gestoßen: Während die Teile eines Atoms als Atomkern und Elektron identifiziert werden können, während die Teile des Atomkerns als Protonen und Neutronen nachgewiesen werden, sind die Teile der Elementarteilchen wiederum Elementarteilchen. Bei dem „Zerschlagen" eines Elementarteilchens durch Beschuß mit einem anderen Elementarteilchen höchster Energie entstehen nicht etwa neue, kleinere Teilchen, das Ergebnis sind wiederum Elementarteilchen, die sich in nichts von den ursprünglichen Teilchen unterscheiden. Wenn etwa ein Meson aus einem Proton durch Beschuß mit Elektronen herausgeschlagen wird, so „vervollständigt" sich das Proton sofort wieder zu einem unversehrten Teilchen. Wie die Köpfe einer Hydra wachsen die „Narben" der Elementarteilchen sofort wieder zu, und man kann beliebig viele neue Teilchen aus ihnen herausschlagen, ohne sie zu „verletzen".

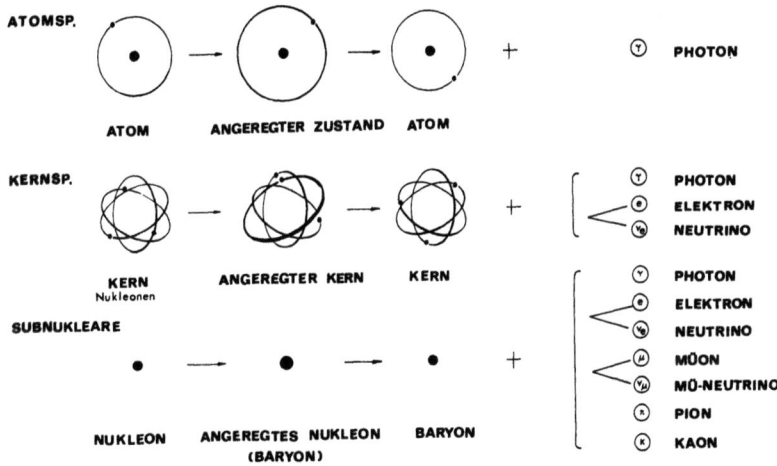

Abbildung 6: Die drei Arten der Spektren (nach V. Weisskopf)

Es ist schließlich die Frage nach der *Struktur der Kräfte,* die zwischen den Elementarteilchen herrschen, die die Hochenergiephysik mit neuen großen Beschleunigungsmaschinen beschäftigen wird. Während die klassische Physik eine Unzahl von Kräften kannte — Gravitation, elektrische Kräfte, magnetische Kräfte, Molekülkräfte, Kapillarkräfte, Reibungskräfte seien hier nur stellvertretend genannt —, ist es der modernen Physik gelungen, alle diese klassischen Kräfte auf nur zwei zurückzuführen: auf die Gravitationskräfte und die elektromagnetischen Kräfte. Hinzu kommen jedoch noch zwei Kräfte im Bereich der Elementarteilchen: die Kernkräfte, die beispielsweise im Reaktor zur Energieerzeugung verwendet werden, und die Schwachen Kräfte, die für den Beta-Zerfall der Atomkerne, aber auch der Elementarteilchen verantwortlich sind.

Wir können am Beispiel der Kraftwirkung oder Wechselwirkung zwischen Elementarteilchen sehr schön verdeutlichen, wie die Hochenergiephysik neue physikalische Begriffsbildungen schafft und schon bevor überhaupt komplizierte mathematische Berechnungen beginnen, qualitativ neue Vorstellungen und Modelle hervorbringt.

Wir haben in Gleichung (1) die Unschärferelation der Quantenmechanik angeschrieben. Nehmen wir noch die *Grundgleichung der speziellen Relativitätstheorie*, die Äquivalenz von Energie E und Masse m, hinzu

$$E = m\,c^2 \qquad (2)$$

wobei c die Lichtgeschwindigkeit bedeutet, dann kommen wir zu dem neuen Bild der Wechselwirkung, wie es die Hochenergiephysik zeichnet. Stellen wir uns dazu z. B. ein Proton, den Kern eines Wasserstoffatoms, vor. Die Unschärferelation der Quantenmechanik erlaubt Fluktuationen der Energie gemäß einer Gleichung, die Gleichung (1) sehr ähnlich sieht:

$$\Delta E\, \Delta x = \frac{\hbar}{2} \qquad (3)$$

Die Masse des Protons ist einer gewissen Energie äquivalent. Unterliegt diese Energie Fluktuationen gemäß Gleichung (3), so kann während einer sehr kleinen Zeit τ das Energieäquivalent der Masse eines π-Mesons zum Proton hinzutreten. Die Zeit τ berechnet sich aus Gleichungen (2) und (3) zu

$$\tau = \frac{\hbar}{2mc^2} \qquad (4)$$

Während dieser kleinen Zeit kann sich das π-Meson auf die Distanz

$$\ell = \frac{\hbar}{mc} \qquad (5)$$

von seinem „Mutterteilchen", dem Proton, entfernen. Danach muß es wieder im Proton verschwinden, weil die Unschärferelation ja Energiefluktuationen nur während einer sehr kleinen Zeit zuläßt. Derartige Teilchen, die quasi aus dem Mutterteilchen herausfluktuieren und wieder darin verschwinden und die nur während einer kleinen Zeit leben können, die durch die Unschärferelation begrenzt wird, heißen „virtuelle Teilchen". Das Proton ist also ständig von einer Wolke virtueller Teilchen umgeben. Tatsächlich konnte mit Hilfe von gestreuten Elektronen die Wolke der virtuellen Mesonen um das Proton recht gut ausgelotet und vermessen werden.

Tritt nun ein zweites Proton nahe genug an das erste heran, so daß die beiden Wolken der virtuellen Teilchen überlappen, so kann ein (oder auch mehrere) virtuelles Teilchen von einem Proton auf das andere hinüberwechseln. Dabei wird natürlich Energie und Impuls von einem Proton auf das andere übertragen, die beiden Protonen werden aneinander gestreut. So malt die Hochenergiephysik ein fundamental neues Bild der Wechselwirkung oder Kraftwirkung der Elementarteilchen aufeinander. Die bei einer derartigen Wechselwirkung ausgetauschten Teilchen sind die Feldquanten der zugehörigen Kraft. Es gibt Feldquanten der elektromagnetischen Kräfte, die Lichtteilchen oder Photonen. Es gibt Feldquanten der Kernkräfte, die Mesonen. Die Feldquanten der Schwachen Kräfte wurden bisher noch nicht entdeckt. Es ist aus dem vorher Besprochenen ohne weiteres klar, daß die Frage nach den *Feldquanten der Schwachen Kraft* zu einer der fundamentalen Fragen der Naturwissenschaft schlechthin wurde. Mit den heutigen Beschleunigungsmaschinen konnte lediglich festgestellt werden, daß das Feldquant der Schwachen Kraft, wenn es existiert, schwerer als ein Deuteron sein muß. Ob es existiert und wie groß seine Masse tatsächlich ist, bleibt eine Frage, die nur mit neuen großen Beschleunigungsmaschinen beantwortet werden kann.

Fast wie in Klammern erwähnt der Hochenergiephysiker hier immer auch ein weiteres Problem, das er nicht in sein Modell der Elementarteilchen einzuordnen vermag, das aber vielleicht gerade deshalb so besonders anziehend und interessant ist. Es ist die Frage nach dem sogenannten µ-Teilchen, dem schweren Elektron. Nachdem im Jahre 1935 der japanische Physiker und Nobelpreisträger Hideki Y u k a w a das Meson als Kernkraftteilchen theoretisch vorhergesagt hatte, fand man im Jahr 1936 in der Höhenstrahlung tatsächlich ein neues Teilchen. Es stellte sich jedoch heraus, daß dieses nicht das von Y u k a w a vorhergesagte Feldquant der Kernkräfte war. Das Kernkraftquant wurde später, im Jahre 1946, ebenfalls entdeckt. Das im Jahre 1936 entdeckte neue Teilchen wurde µ-Teilchen genannt. Es entpuppte sich bei genauerer Untersuchung als „großer Bruder" des Elektrons. Bis auf die zweihundertmal so große Masse unterscheidet es sich in nichts vom Elektron. Es gibt in der Natur also zwei verschiedene Arten von Elektronen: das normale Elektron, das die Atomhülle aufbaut und den Segen der Elektrizität gebracht hat, und das schwere Elektron, das µ-Teilchen. Viel Ideen- und Einfallsreichtum wurde darauf verwendet, das µ-Teilchen immer genauer zu untersuchen, um schließlich doch einen Unterschied zum Elektron feststellen zu können. Trotz unglaublich präziser Experimente ist dies bis heute nicht gelungen, und es steht heutzutage ziemlich fest, daß es sich bei dem µ-Teilchen um ein schweres Elektron handelt. Wie schon gesagt, wir können es nicht in den Reigen der übrigen Elementarteilchen einordnen, wir können seine Existenz lediglich zur Kenntnis nehmen. Vielleicht werden aber auch auf diesem faszinierenden Felde die neuen großen Beschleunigungsmaschinen einige Fragen beantworten können.

Es ist endlich die *Struktur der zugrunde liegenden Theorie*, die den Hochenergiephysiker besonders interessiert. Die Theorie, mit der die Elementarteilchen und ihre Prozesse beschrieben werden können, ist die Quantenfeldtheorie. Das Musterbeispiel einer Quantenfeldtheorie ist die Quantenelektrodynamik, die die elektromagnetischen Wechselwirkungen der Elementarteilchen beschreibt. Bei der Quantenelektrodynamik handelt es sich um die am genauesten verifizierte physikalische Theorie überhaupt. In Tabelle 1 haben wir einige theoretische Vorhersagen der Quantenelektrodynamik mit den experimentell gemessenen Daten verglichen. Die Übereinstimmung bis in die letzten Dezimalzahlen ist fast atemberaubend. Trotzdem wissen wir, daß diese so gut bestätigte Theorie nicht die endgültige Theorie sein kann. Es stellt sich nämlich heraus, daß es in der Vielzahl von beobachtbaren und meßbaren Größen, die alle berechnet werden können, zwei gibt, die sich einer theoretischen Berechnung hartnäckig widersetzen: Das mathematische Ergebnis ist immer ein divergentes Integral, also unendlich. Es handelt sich

Theorie	Experiment
1. Magnetisches Moment des Elektrons $1 + 0{,}5\,\dfrac{\alpha}{\pi} - 0{,}32848\,(\dfrac{\alpha}{\pi})^2 + 0{,}55\,(\dfrac{\alpha}{\pi})^3 =$ $= 1{,}001\ 159\ 644$	$1{,}001\ 159\ 644 \pm 0{,}000\ 000\ 007$
2. Magnetisches Moment des µ-Mesons $1{,}001\ 165\ 9$	$1{,}001\ 166\ 1 \pm 0{,}000\ 000\ 3$
3. Lamb-Verschiebung im Wasserstoffspektrum in MHz $1057{,}9$	$1057{,}9 \pm 0{,}06$

Tabelle 1: Theorie und Experiment in der Quantenelektrodynamik

bei diesen Größen um Massenunterschiede und das Verhältnis von Ladungen bei Elementarteilchen. Bei der Theorie der Schwachen Wechselwirkung sind wir noch etwas schlechter daran: Hier würde man bei allen Größen auf unberechenbare Integrale stoßen, wollte man die theoretischen Vorhersagen bis in feinste Details treiben. Obwohl wir also eine Theorie haben, die in weiten Gebieten jene in Tabelle 1 dargelegte faszinierende Übereinstimmung mit dem Experiment zeigt, wissen wir, daß diese Theorie bei höchsten Energien ihre Gültigkeit verlieren muß. Vorläufig lebt, wie der amerikanische Physiker D r e l l sich ausdrückte, die Quantenelektrodynamik in „friedlicher Koexistenz" mit ihren divergenten Integralen. Es ist jedoch vor allem für den Theoretiker interessant, mit Hilfe der neuen großen Beschleunigungsmaschinen vielleicht zu lernen, wo und wie die gegenwärtige Theorie modifiziert werden kann.

Wie wird das Programm der Höchstenergiebeschleuniger verwirklicht?

Wir haben schon eingangs erwähnt, daß die Speicherringe in Genf bereits in Betrieb genommen worden sind. Die große amerikanische Beschleunigungsmaschine für 300 GeV wird vermutlich 1972 ihren Betrieb aufnehmen. Es ist bereits jetzt gelungen, Teilchen in dem riesigen Ring in Umlauf zu bringen, jedoch sind noch einige technische Verbesserungen notwendig, um zu einem geregelten Betrieb zu kommen.

Die große europäische Maschine, die beim europäischen Kernforschungszentrum CERN in Genf gebaut wird, soll im Jahre 1976 Protonen der Energie 200 GeV liefern. Bis zum Jahre 1979 kann diese Energie auf 300 GeV gesteigert werden. Das Budget für diesen Ausbau beträgt insgesamt 1150 Millionen Schweizer Franken und wurde von den Mitgliedstaaten grundsätzlich bereits bewilligt. Danach ist es jedoch möglich, den Beschleuniger zu noch höheren Energien zu treiben. Sollten bis dahin bereits supraleitende Magnete technisch einsatzbereit sein, so kann die Energie in einem ersten Schritt auf 500 GeV und in einem letzten Schritt auf 1000 GeV gesteigert werden. Der ewig rege Forschergeist macht auch hier noch nicht halt, und schon heute gibt es Ideen, wonach man in supraleitenden Speicherringen Energien erzielen könnte, die der Energie einer Beschleunigungsmaschine von 30.000 GeV im Labor entsprechen. Wenn dies auch vorläufig Zukunftsträume oder vielleicht Luftschlösser sind, so zeigt es doch, wie gerade auf dem Gebiet der Hochenergiephysik immer neue Ideen und vor allem der ständig drängende menschliche Forschergeist zum Tragen kommen. Über allem aber steht die alle Menschen einende Idee der Suche nach neuen Erkenntnissen, nach dem, „was die Welt im Innersten zusammenhält".

Die Stimulierung des technischen Fortschrittes durch die Hochenergiephysik

W. Bartl — W. Kummer

Einleitung

Die reine Grundlagenforschung wird oft auch heute noch als eine Angelegenheit weltfremder Spezialisten betrachtet. Dem steht in der Realität das äußerliche Bild der Arbeitsstätte gegenüber, ein Forschungslaboratorium, das durchaus großindustrielle Ausmaße besitzen kann. Mit der Vergrößerung ihrer Arbeitsstätten und den Einflüssen auf die Gesellschaft, die von den

Abbildung 1: Flugaufnahme vom CERN
(aus CERN-Courier Juli 1971, 22. 6. 1971)

Resultaten der Forschung in den letzten 300 Jahren in immer stärkerem Maße ausgingen, müssen heute Grundlagenforscher immer mehr ins Rampenlicht der Gesellschaft treten. Das besonders aktiv zu tun, galt allerdings bis herauf in unsere Tage als unseriös, doch hat sich heute unter den Betroffenen die Meinung durchgesetzt, daß die Wissenschaft ihren elfenbeinernen Turm (zumindest zeitweise!) verlassen muß, denn dieser Turm sticht heute schon wegen seiner Größe deutlich aus der gesellschaftlichen Landschaft heraus und seine Betriebskosten sind so hoch, so daß dauernd der Beweis seiner Existenzberechtigung geliefert werden muß. Die Vergrößerung der Laboratorien der naturwissenschaftlichen Grundlagenforschung entspricht dem modernen Trend [1] zur „Big Science", und die damit parallel verlaufende Zunahme des Einflusses ihrer Resultate auf die Gesellschaft zwingt die Grundlagenforscher in täglich größerem Ausmaße, der Gesellschaft Rede und Antwort über ihre Tätigkeit zu stehen. Dies ergibt sich aus den oft enormen Aufwendungen für diese Forschungsrichtungen. Die naturwissenschaftliche Forschung muß sich sogar zu einer Zeit, in der das öffentliche Interesse beginnt, den exakten Wissenschaften eher reserviert bis feindlich gegenüberzustehen — verglichen mit einer übertriebenen, umgekehrten Tendenz in den allzu fortschrittsgläubigen fünfziger und sechziger Jahren —, gegen eine Reihe von Anklagen verteidigen [2]: Die reine Wissenschaft sei ein Luxus, denn „wir haben schon genug Wissen". Die moderne Hochenergiephysik oder auch z. B. die Astronomie beschäftigen sich mit skurrilen Fragen, die nichts mit unserer täglichen Welt zu tun haben. Man sollte doch eigentlich nur solche Wissenschaften unterstützen, die zu vorhersehbaren Anwendungen führen; etwa die Biologie, die zur Lebensverlängerung (z. B. Lösung des Krebsproblems) führen kann. Ähnliche Angriffe richten sich aber auch gegen die angewandte Forschung. Sie führt zur Technik; die Technik sei aber ohnehin überentwickelt, alle technischen Neuerungen brächten nur Schwierigkeiten, führten zu neuen Waffen, neuen Lebensweisen, die den „natürlichen" Bedürfnissen der Menschen widersprechen und unsere Umwelt zerstören. Überhaupt wird die Naturwissenschaft als rein materialistisch kritisiert, das Geistige, Menschliche werde vernachlässigt. Naturwissenschaftliche Forschung habe uns eine Lebensweise und Denkweise beschert, die zu Kriegen, Unruhen und Umstürzen in der Gesellschaft führt.

Die Beantwortung dieser Kritik durch Aufzeigen der Tatsache, daß die Menschheit heute eher noch mehr Wissen braucht, um der immer größeren Bevölkerung der Erde verbesserte Lebensverhältnisse zu schaffen, wäre reichlich Stoff für eine eigene Untersuchung.

Die industriellen Fortschritte, die in der Vergangenheit immer von der Grundlagenforschung ausgingen, berechtigen zur Erwartung, daß dies auch in Zukunft so sein wird. Wir sind uns heute bewußt, daß die sehr akademischen Untersuchungen F a r a d a y s mit elektrischen Funken zur Elektronik führten. Wir belächeln heute die Meinung R u t h e r f o r d s von 1910, daß die enormen Kräfte innerhalb des Atoms niemals technisch ausgenützt werden könnten. Andererseits haben Philosophie und Humanwissenschaften 70 Jahre nach der Relativitätstheorie und 40 Jahre nach der Begründung der Quantentheorie die neuen Denkformen noch nicht verarbeitet. Das gleiche gilt für die Zerschlagung des naiv verstandenen „gesunden Menschenverstandes" des 19. Jahrhunderts. Damit soll einerseits die prinzipielle Unberechenbarkeit und Wichtigkeit der Resultate der Grundlagenforschung hervorgehoben werden, andererseits aber auch deren weitreichende Auswirkungen auf die intellektuelle Struktur unserer Zivilisation und damit auf unsere Gesellschaft und ihr Selbstverständnis, wobei diese Auswirkungen in vieler Hinsicht noch gar nicht voll wirksam geworden sind.

Seit dem ersten „militärischen" Einsatz eines Faustkeils ist dem Menschen die ungeheure Verantwortung zu sinnvollem Gebrauch oder selbstzerstörendem Mißbrauch seiner Erfindungen und Entdeckungen zum Existenzproblem geworden. Nur durch mehr Wissen und höhere Geistesbildung — die nicht zuletzt wieder aus der Beschäftigung mit den Grundfragen der Natur erwächst — wird er diese Aufgabe meistern können.

Die Hochenergiephysik

Wir beschränken uns hier auf den direkten und indirekten Einfluß der Hochenergiephysik, im folgenden abgekürzt HEP, auf den technischen Fortschritt. Zu diesem Zwecke muß zunächst kurz die Problemstellung der HEP an Hand einer Skizze des Atomkerns in Erinnerung gerufen werden. Für die äußere Atomhülle ist die Chemie zuständig (typische Energie einige Elektronvolt = eV), die inneren Elektronenbahnen sind der Bereich der Röntgenphysik (keV = 10^3 eV). Typische Energien der Kernbausteine Proton und Neutron erreichen bereits Millionen Elektronvolt (MeV = 10^6eV). Die HEP oder Elementarteilchenphysik beginnt bei der Untersuchung der Struktur einzelner Elementarteilchen, wozu Energien von mindestens Giga-Elektronvolt (GeV = 10^9 eV) erforderlich sind. Wir befinden uns somit an der vordersten Front der Erforschung des Mikrokosmos. Wir HEP-er werden in unserer Beurteilung der Wichtigkeit unserer Forschung für die Zukunft durch die historische Beobachtung bestärkt, daß tatsächlich bis heute alle technischen Fortschritte letztlich von der Erforschung des (jeweilig) „Kleinsten" gewonnen wurden.

HEP wird mit Großbeschleunigern betrieben, wie etwa im CERN, der europäischen Kernforschungsorganisation in Genf, wo hiezu ein Protonen-

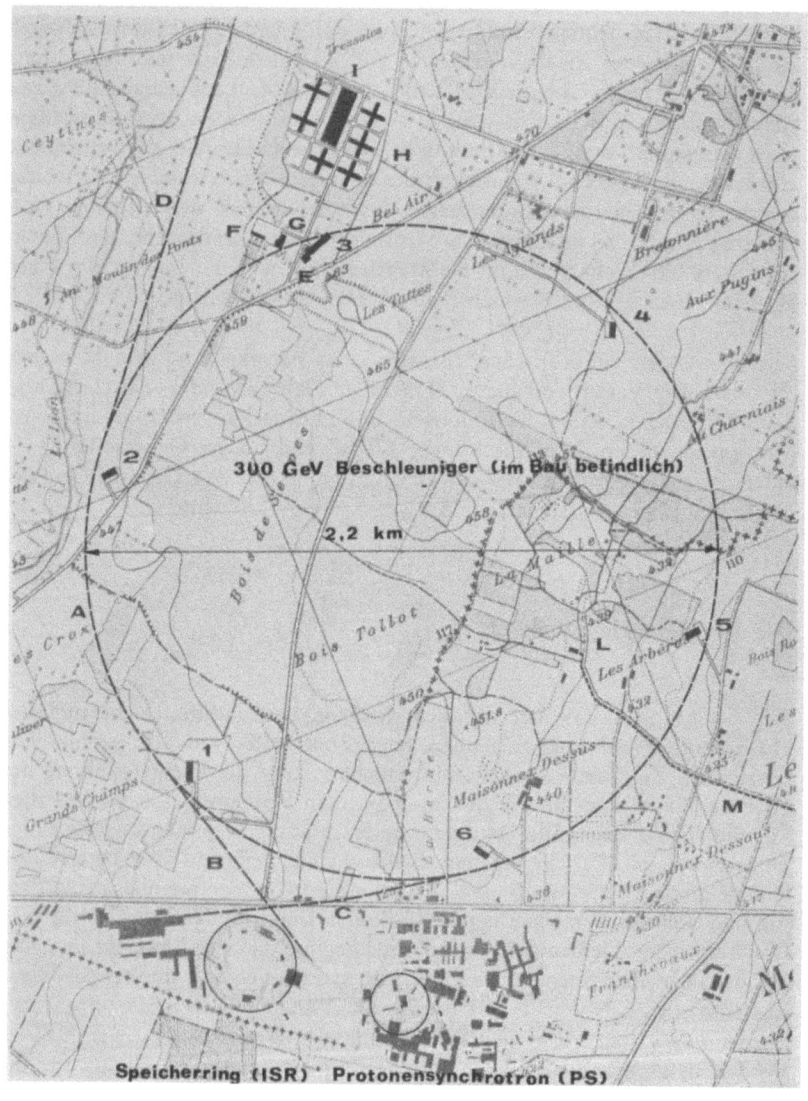

Abbildung 2: Anordnung der CERN-Beschleuniger
(aus CERN-Report MC/60, 1970)

synchroton (PS) von 28 GeV und seit ganz kurzer Zeit auch ein Speicherring für 2 x 28 GeV zur Verfügung steht. Ein Synchrozyklotron von 600 MeV wird fast nur für niederenergetische Kernphysik (Isotopenforschung) verwendet. Derzeit arbeiten beim CERN 3500 Personen, wovon 500 Physiker und Ingenieure sind. In Europa hängt die Arbeit von etwa 1200 HEPern vom CERN ab, am PS sind dauernd etwa 20 bis 30 elektronische Experimente installiert.

Das Arbeitsprogramm des nationalen österreichischen HEP-Laboratoriums, des Instituts für Hochenergiephysik der österreichischen Akademie der Wissenschaften, soll zwar erst weiter unten besprochen werden; hier sei jedoch bereits bemerkt, daß das Institut für HEP an einem dieser Experimente beteiligt ist, genauso wie an der Vorbereitung des ersten Experiments im Experimentiermagneten der Speicherringe. Pro Jahr werden im CERN etwa 5 Millionen Bilder von Reaktionen in Blasenkammern aufgenommen, an deren Auswertung ebenfalls viele Labors in Europa beteiligt sind. Auch hier laufen zwei Kollaborationen des HEP-Instituts mit Gruppen in Aachen, Athen, Berlin, Liverpool, London.

Die typische Bauzeit großer Beschleuniger beträgt 5 bis 7 Jahre. Der Preis der Speicherringe war etwa 400 Msfr, während das Jahresbudget des gesamten Labors derzeit bei 340 Msfr liegt. Daneben begann im Frühjahr 1971 noch der Bau eines neuen Großbeschleunigers von 300 GeV, der Europa seine führende Stellung auf diesem Gebiet (vielleicht sogar vor den USA) weiter erhalten soll. Österreich steuert entsprechend seinem Nationaleinkommen etwa 2% des Budgets zu allen CERN-Projekten bei.

Seit 1960 hat das Laboratorium des CERN nicht nur Elementarteilchenforschung betrieben, sondern auch die Weiterentwicklung der Beschleunigergeräte gefördert. Insbesondere durch die Initiative von Generaldirektor Prof. Dr. V. W e i s s k o p f, einem gebürtigen Österreicher, wurde 1965 der Bau der sogenannten Speicherringe als Zusatzgeräte zum Protonensynchrotron beschlossen.

Zur Erläuterung moderner Experimentiertechnik soll an dieser Stelle der Unterschied zwischen Teilchenbeschleuniger und Speicherring kurz aufgezeigt werden.

Der Vorteil eines Kreisbeschleunigers liegt darin, daß beim Experiment die hochbeschleunigten Teilchen auf ruhendes Zielmaterial, das sich meist außerhalb des Beschleunigungsringes befindet, auftreffen. An diesem Ziel, das meist aus flüssiger oder fester Materie besteht, treten Reaktionen auf, welche zu untersuchen sind. Die Zahl dieser Reaktionen pro Sekunde ist hoch, wenn das Zielmaterial eine hohe Dichte aufweist. Außerdem kann der Strahl, der das Ziel trifft, jederzeit ein- oder ausgeschaltet werden, um z. B. Reparaturen oder Verbesserungen an den Geräten vornehmen zu können. Der Nachteil des herkömmlichen Beschleunigers liegt jedoch darin, daß immer ein Großteil der auftreffenden Energie zum Rückstoß der Zielteilchen verwendet wird und nicht zur Erzeugung neuer Elementarteilchen. Relativistisch gilt der in Tabelle I dargestellte Zusammenhang zwischen der Energie im Schwerpunktsystem und der Energie im Laboratoriumssystem, d. h. der Energie, die auf ein festes Ziel gerichtet wird (E_L). Nur im Schwerpunktsystem, d. h. bezogen auf jenes Koordinatensystem, in dem die beiden Teilchen mit gleichem Impuls von entgegengesetzten Seiten aufeinanderstoßen, wird die gesamte Energie (W) für die Erzeugung neuer Teilchen wirksam. Wie aus Tabelle I ersichtlich, verbleiben somit beim 28 GeV-Beschleuniger des CERN nur 7,8 GeV für die Erzeugung neuer Teilchen, beim sowjetischen Beschleuniger in Serpuchow sind es nur 12 GeV, und ein TeV-Beschleuniger liefert auch nicht mehr als 45 GeV im Schwerpunktsystem.

Tabelle I

Zusammenhang Schwerpunkt-Laboratoriumsenergie

E_L	28	76	300	1000	1500
W in GeV	7,8	12	24,5	45	2 x 28

$$W = \sqrt{2m_2 E_L + m^2_1 + m^2_2}$$

Es erscheint daher besonders günstig, zwei Teilchenströme mit 28 GeV, wie sie vom Beschleuniger im CERN geliefert werden, gegeneinander zu richten. Selbstverständlich wird hier die Häufigkeit von Teilchenreaktionen viel geringer sein. Man muß also möglichst intensive Teilchenstrahlen erzeugen.

Dies geschieht beim CERN mit Hilfe von zwei nebeneinander angeordneten Speicherringen, die vom Protonensynchrotron in je etwa 400 Beschleunigungszyklen gefüllt werden, wobei die Teilchenrichtung in den beiden Ringen entgegengesetzt ist. Auf diese Art entstehen zwei Teilchenströme, die man an acht Kreuzungsstellen mit Hilfe von Ablenkungsmagneten unter fast 180° zur Kollision bringen kann. Damit hat man in nahezu vollkommener Weise die Verhältnisse im Schwerpunktsystem realisiert: Eine Energie von 2 x 28 GeV ist also tatsächlich zur Produktion neuer Teilchen vorhanden. Die Teilchenströme können derzeit in den Ringen über sehr lange Zeiten (theoretisch über Monate) aufrechterhalten werden und betragen bereits etwa 8 Ampere. Trotzdem kann die Zählrate nie so hoch werden wie beim üblichen Beschleunigerbetrieb, denn trotz aller technischen Kniffe werden die Teilchendichten des Ziels — Strahl gegen Strahl! — immer geringer bleiben. Diese Methode ist also — bei allen Vorteilen, was den Energiebereich betrifft — jedenfalls für relativ seltene Reaktionen mit sehr langen Beobachtungszeiten verbunden. Boshafterweise wurde einmal behauptet, man schieße hier Vakuum gegen Vakuum.

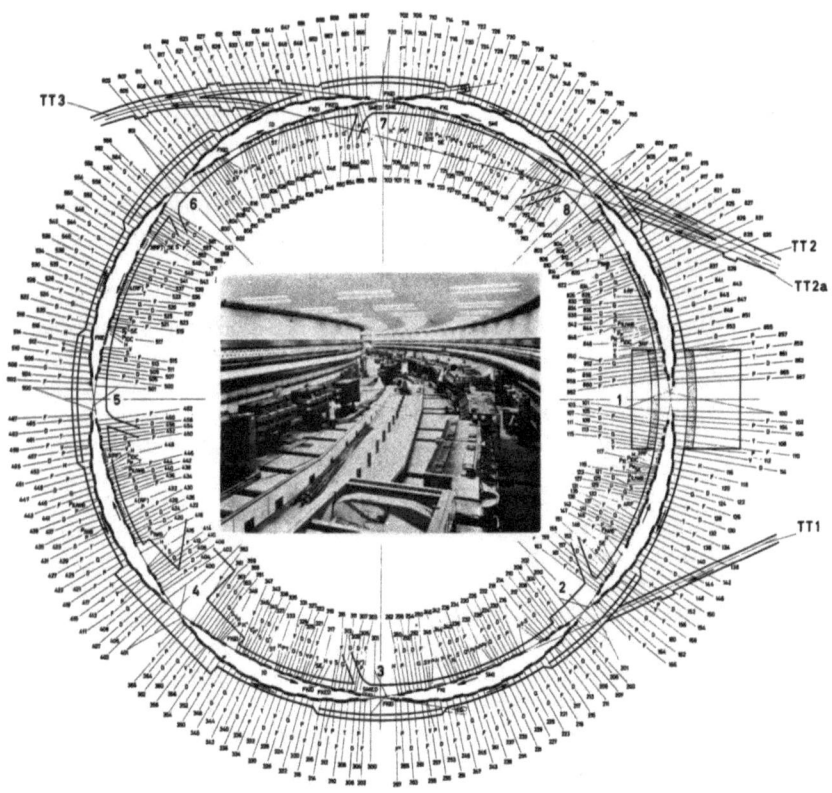

Abbildung 3: Magnetanordnung im Tunnel bei den Speicherringen (aus CERN, Technical Notebook Nr. 5 P 10, CERN, May 1969)

Aus der Lage der Kollisionszone folgt überdies, daß die Meßapparatur direkt beim Speicherring aufgestellt werden muß. Dieser Bereich ist aber bei gefüllten Ringen wegen der zu hohen Radioaktivität nicht zugänglich, wodurch sich ein wesentlich schwierigeres Experimentieren ergibt. Es muß z. B. die Elektronik besonders betriebssicher konstruiert und ferngesteuert ausgelegt werden. Da mehrere Experimente gleichzeitig an verschiedenen Kreuzungsstellen durchgeführt werden, die nicht gestört werden dürfen, muß für Veränderungen einer der Meßapparaturen das Entleeren des Ringes abgewartet werden.

Als „Big Science" haben HEP-Labors viel Ähnlichkeit mit großen Industriebetrieben, sie werden auch wie solche Industriebetriebe geführt. Der CERN ist bemüht, in dieser Hinsicht vorbildlich zu sein. Die Verbindungen zur Industrie sind daher auch durchaus die in solchen Fällen üblichen, wenn auch die Probleme in meist sehr fruchtbarer Weise abseits von den normalen Anforderungen liegen, die an Lieferanten gestellt werden. Da die überwiegende Mehrzahl der Komponenten eines neuen Gerätes oder neuer Apparaturen extreme Probleme des normalen technischen Bereichs betreffen, liegt oft ein wesentlicher Teil der nötigen Entwicklung bei den Lieferfirmen. Bei den technischen Problemen im Zusammenhang mit Projekten der HEP handelt es sich praktisch immer um Aufgaben, für die Lösungen noch nicht vorliegen, vernünftigerweise aber erwartet werden können (vgl. die Beispiele weiter unten). Daher muß die Grundentwicklung zur Orientierung der Möglichkeiten bereits vom CERN-Personal durchgeführt werden. Die Sicherstellung, daß ein Ziel letztlich erreichbar ist, wird also vom CERN geliefert — der ausschlaggebende Punkt bei jeder Neuentwicklung. Auch im weiteren Verlauf erfolgt die Entwicklung in Zusammenarbeit CERN—Industriefirma, so daß eigentlich immer der CERN als sein eigener „Hauptlieferant" fungiert.

Die Auswahl der Firmen erfolgt ausschließlich nach dem Prinzip des billigsten Angebots, wobei der Bieter die meist sehr weitgehenden technischen Spezifikationen erfüllen muß. Es gibt also beim CERN keine nationalen Quoten, obwohl natürlich das Interesse besteht, durch geeignete Informationen gleiche Chancen für Firmen aller Mitgliedsländer zu gewährleisten. Nur auf diese Weise kann die beste und billigste Lösung nach rein technischen Gesichtspunkten (ohne politische Komplikationen) gefunden werden. Das gute Funktionieren dieser Regelung unterscheidet den CERN in positiver Hinsicht deutlich von anderen europäischen Organisationen.

So wurden etwa die Speicherringe innerhalb des 1965 vorgesehenen Budgets ein halbes Jahr vor dem Zeitplan fertig, obwohl es sich um eine Anlage handelte, die auf der Welt einzigartig ist und in Bereiche vorstößt, die um Größenordnungen schwierigere technische Probleme bedingen als ein normaler Beschleuniger. Man bedenke etwa das Vakuum von 10^{-10} bis 10^{-11} Torr über die zwei je 1 km langen Vakuumrohre oder die Präzision der Magnete und die Genauigkeit der Aufstellung von $\pm 0,1$ mm relativ zueinander auf 1 km Ringlänge. Besonders hervorzuheben ist, daß im

Herbst 1970 bereits beim ersten Einschalten die ersten eingeschossenen Protonen sofort gespeichert wurden und man am ersten „Testabend" bereits alle Funktionen durchprobieren konnte. Dabei stellte sich heraus, daß gewisse Kennwerte bis in die dritte Dezimale mit den theoretischen Vorausberechnungen übereinstimmten.

Übrigens meldet der CERN prinzipiell keine Patente an, alle wissenschaftlichen oder technischen Resultate sind frei zugänglich, nur darf niemand anderer eine solche CERN-Lösung für sich patentieren lassen. Die von Firmen in Zusammenhang mit CERN-Projekten gefundenen eigenen Lösungen auf der Basis der CERN-Entwicklung sind natürlich Eigentum dieser Firma.

Das CERN-Personal ist klarerweise überwiegend auf elektrotechnischem und elektronischem Gebiet, auf dem Computergebiet und in der angewandten Physik tätig. Die Gehälter für älteres Personal liegen eher unter dem Industrieniveau, daher ist ein starker Anreiz zum Hinüberwechseln in die Wirtschaft gegeben. Da der CERN, wie bereits erwähnt, versucht, insbesondere auch im Industrial Management möglichst vorbildlich in Europa zu sein, ist damit eine wichtige Befruchtung der Industrieforschung gekoppelt. Seit kurzem werden auch ein- bis zweijährige Stipendien von Industriewissenschaftern und -technikern beim CERN besonders gefördert.

Industrielle Anwendung der HEP?

Die Grundlagenforschung vergangener Jahrzehnte ist bereits in handgreifliche Anwendungen gemündet, Elektro*technik* bis Kern*technik* sind etablierte Gebiete. Wie steht es mit der HEP?

Was die direkte Anwendung betrifft, sind wir noch in der Position R u t h e r f o r d s relativ zur Ausnützung der atomaren Kräfte, doch sollten wir daraus gelernt haben, mit unserer Prognose vorsichtiger zu sein. Die gewaltige Vielzahl neuer kurzlebiger Elementarteilchen, die komplizierte Struktur der Zusammenhänge auf diesem Niveau ist jedenfalls komplex genug, um wenigstens die Möglichkeit des „anwendbaren Unerwarteten" offen zu lassen. Ein erster Hinweis für eine mögliche technische Bedeutung der Großbeschleuniger hat vor kurzem große Aufregung in Fachkreisen hervorgerufen [3]. Ein Team von englischen Kernphysikern und Chemikern untersuchte ein Target aus Wolfram, das monatelang im Protonenbombardement hoher Energien gestanden war, nach überschweren Elementen, die sich darin gebildet haben könnten. Solche relativ stabilen Elemente waren theoretisch für den Bereich der Kernladungszahl $Z = 114$ schon lange vorhergesagt worden. Das Resultat eines Elementes 112, das chemisch dem Quecksilber ähnelt, Kernzerfall zeigt und ca. 500 Jahre Lebensdauer hat. Man muß sich vor Augen halten, daß ein neues spaltbares Material mit möglicherweise günstigeren Eigenschaften als Uran — auch wenn es nur „künstlich" erzeugt werden kann — technisch äußerst wichtig werden könnte.

Die hauptsächliche Bedeutung der Grundlagenforschung in der HEP liegt in der zentralen Rolle, die sie für jene Struktur spielt, für die B. F l o w e r s den Ausdruck „fabric of science", das eng verflochtene Gewebe der wissenschaftlichen Struktur, geprägt hat. Die hohen Anforderungen, die die theoretische Erfassung und Begründung der Erscheinungen des Mikrokosmos dauernd an die geistige Potenz der Forscher stellt, führen dazu, daß zunächst für die HEP immer neue mathematische Methoden und theoretische Beschreibungskonzepte gefunden werden müssen. Diese Methoden werden dann von der theoretischen Forschung in den mehr anwendungsorientierten Gebieten übernommen: Wenn wir heute von Phononen sprechen, um die Kristallschwingungen in Festkörpern zu beschreiben, Spinwellen für das theoretische Verständnis der Ferromagnete wesentlich sind, die Theorie der

Abbildung 4: Erschütterungsfreier Spezialtransporter der Fa. Scheuerle, der mit einem ISR-Magneten beladen wird (aus CERN, P/O, 258.10.68)

Vielkörperprobleme für die Beschreibung der Supraleitfähigkeit grundlegend ist, so sind dies alles Konzepte, die auf Entwicklungen der vordersten Front in der Erforschung des Mikrokosmos beruhen. In dem Großteil aller Fälle waren es sogar die „gelernten" Hochenergiephysiker selbst, die mit richtunggebenden Arbeiten insbesondere das weite Gebiet der Festkörperphysik erläutern konnten. Wenn wir heute Halbleiter, Transistoren und Supraleiter mit bestimmten Eigenschaften für technische Anwendungen in früher undenkbarer Präzision entwickeln können (etwa für vollintegrierte Schaltungen u. ä.), so hat die theoretische Hochenergiephysik dazu eine wesentliche Hilfestellung gegeben.

Im folgenden sollen jedoch Beispiele für die viel handgreiflicheren technischen Nebenprodukte der HEP besprochen werden. Dabei darf die große Zahl nicht verwundern: Wie aus dem vorigen Abschnitt hervorgeht, geht ja der überwiegende Teil der Ressourcen für die HEP letztlich in die angewandte Forschung. Diese ist jedoch auf unkonventionelle Ziele mit z. T. extremen Anforderungen an die Technologie gerichtet. Das Meistern dieser Probleme führt dann, fast könnte man sagen regelmäßig, zur überraschenden industriellen Anwendung.

Wir beginnen mit einem einfachen, aber sehr typischen Beispiel, dessen hochwissenschaftlicher Hintergrund kaum mehr zu sehen ist: Um die Montage der Speicherringe zu vereinfachen, hatte das Entwicklungsteam des CERN die Idee, die 450 Magnete nach der Montage sofort auszumessen, genau zu justieren und sie anschließend mit einem Spezialfahrzeug erschütterungsfrei in den Tunnel zu führen, so daß (abweichend von früheren Lösungen) keine weitere Durchmessung am endgültigen Aufstellungsort nötig ist. Bei der Bekanntgabe der allgemeinen Spezifikationen erinnerten sich Ingenieure der deutschen Firma Scheuerle [4] an ein Patent eines Mitarbeiters für einen hydraulischen Antrieb, das gerade die Konstruktion eines solchen Fahrzeuges ermöglichte. Dieses Fahrzeug, das es auch gestattet, seitlich zu fahren, kann 6—8% steile Straßen mit ebensolcher Querneigung ohne das mindeste Kippen des Ladegutes überwinden sowie ruckfrei anfahren oder bremsen. Die Lieferung an den CERN bedeutete im Jahre 1968 natürlich kein lukratives Geschäft, doch konnte genau dieselbe Art von Transportfahrzeugen auch für die immer empfindlicheren elektronischen oder auch anderen technischen Baueinheiten von Großtankern und Hochseeschiffen großen Werften angeboten werden. Ein Auszug der heutigen Referenzliste der Firma führt buchstäblich alle führenden Werften der Welt an.

Bei der Besprechung anderer Beispiele für industrielle Anwendungen verfolgen wir am besten die beschleunigten Protonen durch die CERN-Anlage.

Die zu beschleunigenden Protonen werden in der Protonenquelle [5] aus einem Wasserstoffplasma in einem gepulsten Lichtbogen erzeugt, der durch ein Magnetfeld fokussiert wird und aus dem die Protonen durch eine Hochspannung von 70 kV extrahiert werden. Die Weiterentwicklung dieser Protonenquelle durch den CERN und durch eine große Industriefirma brachte Ströme von heute bereits etwa 1 A und gab Anregungen für analoge Quellen in technischen Anwendungen der Kernphysik, die heute auch industriell [6] eingesetzt werden (Philips). Dort werden derartige Quellen für Ionenbeschuß von Materialien wie z. B. zur Metallisierung von Keramik verwendet.

Abbildung 5: Protonenquelle des CERN PS mit Vorbeschleunigungs-Kolonne. Links die Protonenquelle geöffnet (aus CERN, P/O, 323.2.67)

Nach einer Vorbeschleunigung mit einer Spannung von 550 kV wird der Protonenstrahl anschließend im *Linac* (Linearbeschleuniger) auf 50 MeV gebracht. Die Vorbeschleunigungsröhre [7] ist wieder eine spezielle Entwicklung der HEP und wird von einer schwedischen Firma [8] in Serie hergestellt. Die Beschleunigung im Linac wird mit Hilfe eines Hochfrequenzfeldes von 200 MHz bewerkstelligt, wobei eine Leistung von 2—5 MW notwendig ist. Die Entwicklung derartiger Verstärker wurde zwar zunächst mit Hochleistungselektronenröhren TH 470 aus der Radartechnik eingeleitet, der für den CERN-Beschleuniger nötige Bereich war aber — wieder einmal — gerade außerhalb der üblichen Spezifikationen. Die für die HEP erforderliche Verbesserung wurde im Zusammenwirken mit den Lieferfirmen [9] durchgeführt, wodurch diese dann eine auch für den allgemeinen Bedarf verwendbare Röhre HT-516 auf den Markt brachte und auf diese Art ihr Programm ausweiten und verbessern konnte.

Abbildung 6: Führungsmagnet des PS-Ringes (aus CERN, P/O, 32.11.69)

Nun tritt der Protonenstrahl in das Vakuumrohr des eigentlichen Beschleunigertunnels. Durch das Magnetfeld von 100 Magneten von je 32 t Gewicht wird er auf einer Kreisbahn gehalten. Da dieses Magnetfeld synchron mit größter Präzision bei der Beschleunigung erhöht wird (auf 12 KG in 0,75 Sekunden), ergaben sich besondere Anforderungen, insbesondere wegen der erforderlichen besonderen Gleichmäßigkeit des Blechmaterials: 1,5 mm Dicke, genau vorgeschriebene Wärmebehandlung und Kaltverarbeitung, „Mischen" der Bleche. Um das Magnetfeld genau einzuhalten, sind — wie etwa in Speicherringen — Genauigkeiten im Luftspalt bis 0,01 mm nötig. Für das PS wurden 8500 t Blech verarbeitet, für das spezielle Präzisionsschnittechniken entwickelt werden mußten. VÖEST-Linz [10] ist eine der wenigen europäischen Firmen, die imstande sind, die extremen Spezifikationen zu erfüllen. Leider trat Österreich dem CERN zu spät bei, um beim Bau des PS selbst zum Zuge zu kommen. Magnete für andere Projekte wurden jedoch mit VOEST-Blechen gebaut. Gerade jetzt wurde wieder ein 450 t schwerer Magnet für ein Experiment bestellt [11].

Die hohen Ströme von bis zu 6400 A beim Maximum des Magnetfeldes verlangten die Entwicklung spezieller wassergekühlter Wicklungen, was besonders Probleme für die Isolierung hervorrief, da sie außerdem der zerstörenden Wirkung der radioaktiven Strahlen ausgesetzt sind. CERN hat in Zusammenarbeit mit der Firma CIBA strahlungsresistente Araldite entwickelt, die jetzt auch beim Speicherring und bei den Magneten des *Boosters* — eines zusätzlichen Vorbeschleunigers zur Erhöhung der Intensität — verwendet werden.

Es ist leicht einzusehen, daß die Resultate der Entwicklungsarbeit für Magnetbleche und Präzisionsschnittechniken für die europäische Transformatorenindustrie richtunggebend geworden sind. So ist z. B. das speziell für die PS-Magneten entwickelte billige kohlenstoffarme Stahlblech seither ein Standardmaterial für die Elektroindustrie geworden.

Vom CERN wurde auch praktisch die ganze Entwicklungsarbeit des Anschlusses von Magneten mit extrem hohen Strömen (5000 A, 2500 V) durchgeführt. Dies umfaßt gekühlte Zuleitungskabel sowie die Technologie der Verbindung zwischen Kabelschuh und Kabel. Während sich für das erste ein außereuropäisches Land interessiert, wird die Kabelverbindung von der Lieferfirma [12] bereits für Industriekabel verwendet.

Der gepulste Betrieb der Magnete stellt besondere Anforderungen an die Energieversorgung [13]: Im Mittel werden etwa alle 2 Sekunden 70 MW benötigt. Damit nicht zu hohe Belastungen des öffentlichen Netzes erfolgen, wird die beim Demagnetisieren rückfließende Energie mechanisch in einem Schwungrad, dessen Masse bei dieser Konstruktion bereits im Läufer des Generators enthalten ist, gespeichert und dann wieder zur Magnetisierung verwendet. Das Ergebnis dieser Entwicklung kann auch bei kommerziellen Anlagen, wie z. B. Großpressen und ähnlichem, wo Stoßbelastung auftritt, verwendet werden.

Die Beschleunigung der Protonen erfolgt in 14 Beschleunigungsstrecken *(Kavitäten)*, die mit veränderlicher Hochfrequenz (2,9—9,55 MHz) gespeist sind und damit in relativ kleinen Beschleunigungsstößen (54 keV pro Umlauf des Protons) die Endenergie von 28 GeV erzeugen. Die Kavitäten sind mit Ferrit beladen, so daß durch Gleichstromerregung ihre Permeabilität geändert werden kann, was eine Abstimmung auf eine andere, dem Beschleunigungsprozeß entsprechende Resonanzfrequenz erlaubt. Philips entwickelte hiezu eine besondere Mischung von ferromagnetischen und nichtmagnetischen Ferriten *(Ferrocube)* [14], die wegen ihres hohen inneren Widerstandes keine störenden Wirbelströme aufkommen lassen. Die Größe dieser Anordnung ist einzigartig: 560 kg Ferrit pro Kavität, d. h. 7840 kg total.

Das Auslenken der beschleunigten Protonen aus dem Ring erfolgte anfänglich durch Einbringen eines materiellen Targets. Heute wird ein wesentlich eleganteres Verfahren mit Hilfe eines *Kicker-* und *Septummagneten* angewendet. Die Idee ist einfach: Man erzeugt an der gewünschten Stelle im richtigen Zeitpunkt (d. h. am Ende der Beschleunigungsphase) durch Einführen eines Magneten in den Beschleuniger eine Störung der Sollbahn. Dadurch wird eine Betatron-Schwingung angeregt und die Protonen gelangen in den Luftspalt eines neben der Sollbahn angeordneten Septummagneten, wodurch sie tangential den Ring verlassen; zur Versorgung eines derartigen Magneten ist eine Stromquelle [15] nötig, die bei einer Spannung von 100 V einen Stromanstieg von 0 auf 13.000 A in 30 ms liefert, dann

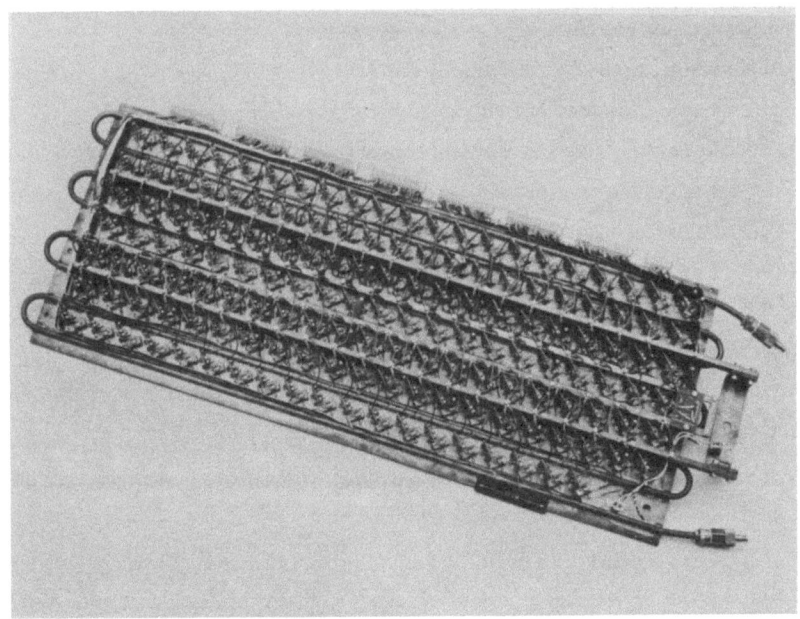

Abbildung 7: Transistor-Bank, Baugruppe für 560 Ampere als Stellglied zur Magnetstromregelung

für etwa 400 ms den vollen Strom abgibt, worauf der Abfall erfolgt. All dies sollte sich ca. alle 2 Sekunden wiederholen, die Höhe des Impulsdaches auf 10^{-4} genau und für verschiedenste Anwendungen variierbar sein. Ein derartiger Stromgenerator wurde bei CERN entwickelt und von der Firma A l g e (Lustenau) [16] aus 7200 parallelgeschalteten Transistoren gebaut. Beraten von der HEP, ist eine Wiener Elektrofirma eben dabei, diesen Hochstrompulsgenerator für bestimmte industrielle Anwendungen heranzuziehen und in Serie herzustellen.

Außerhalb des Beschleunigers läßt man nun die Protonen auf ein Target auftreffen und erzeugt damit eine große Menge von sekundären Elementarteilchen (Mesonen, Hyperonen, Antiprotonen), die nach Impuls und Art (Masse) mit Ablenkmagneten und elektrostatischen Separatoren getrennt werden. Dies erfordert möglichst hohe elektrostatische Felder im Vakuum. Die systematische Untersuchung der technologischen Probleme dieser Anordnung durch den CERN waren sehr erfolgreich, was das Elektrodenmaterial und die Erzeugung eines Vakuums ohne organische Dämpfe betrifft. Gerade hier waren die Folgen weitreichend für die europäische Industrie.

Wir entnehmen einer Liste von F. R o h r b a c h [17] folgende Auswahl von Anwendungen, ohne auf Details einzugehen:

— Röntgen-„Blitz"-Röhren im MV-Bereich

— Verbesserungen der Fernsehbildröhre für Farb-TV

— Spannungserhöhung bei Elektronenmikroskopen (größer als 1 MV)

— Elektronenkanonen für die verschiedensten industriellen Anwendungen

— Hohlraumresonatoren für Hyperfrequenzen

— alle Hochspannungsgeräte, die im interplanetaren Raum verwendet werden.

Die hier auf Grund der HEP-Entwicklungen gemachten Fortschritte lassen sich am besten durch Vergleiche des industriellen Standes 1961 und der Resultate 1968 für den elektrostatischen Separator beurteilen: 1961 erreichte man auf 10 cm Entfernung Felder von 50 kV/cm, bei 100 h Lebensdauer ohne Neuaufbereitung der Elektroden, 1968 dagegen bereits 100 bis 110 kV/cm bei 1000 h.

Die wichtigsten Teilchendetektoren der HEP sind *Blasenkammern* und *Funkenkammern*. Bei der Blasenkammer erzeugt das hindurchtretende Teilchen durch Ionisation längs seiner Bahn eine Reihe winziger Bläschen. Diese entstehen dadurch, daß die Flüssigkeit der Kammer durch Expansion in einen überhitzten Zustand gebracht wird, so daß die Flüssigkeit längs der

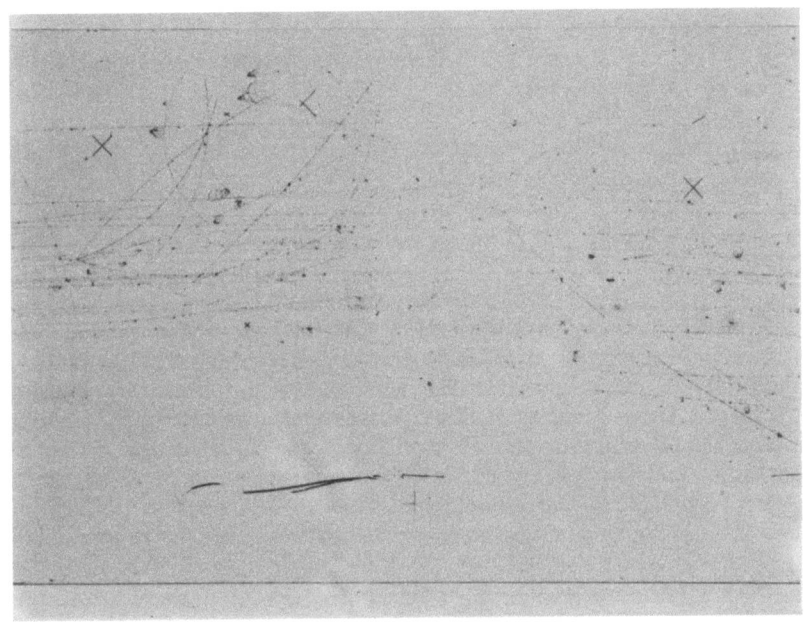

Abbildung 8: Blasenkammeraufnahme einer hochenergetischen Reaktion

Teilchenbahnen aufkocht. Durch sofortiges Komprimieren wird ein völliges Aufkochen verhindert und die Spuren werden stereoskopisch photographiert. Meist werden in der Kammer reine Protonen, d. h. flüssiger Wasserstoff H_2, verwendet, der auf einer Temperatur von $-253°$ C gehalten werden muß, was durch Kühlung mit flüssigem Helium geschieht. Die Volumina derartiger Kammern liegen heute bei über 20 m³ und sind in riesigen Magneten angeordnet. Jene amerikanische Firma, die den rostfreien Stahl für die Behälter bei diesen tiefen Temperaturen in den ersten Jahren der Blasenkammerentwicklung lieferte (1958—1960), hatte später praktisch ein Monopol für bestimmte Anwendungen in der Raumfahrt. Die Stromversorgung der gewaltigen Magnete (im MW-Bereich) konnte mit entsprechender Genauigkeit nur durch Verw~..uung großer Halbleitergleichrichter erreicht werden. Damit gaben aber CERN-Aufträge den entscheidenden Anstoß für die Entwicklung der europäischen Starkstromhalbleitergleichrichter. Ökonomische Gründe zwangen jedoch die HEP sehr bald, für die jüngste Generation der Blasenkammern an supraleitende Magnete zu denken. Wegen der eminenten technologischen Bedeutung dieser Entwicklung wurde daher auch die „*große europäische Blasenkammer*" (BEBC) von Deutschland, Frankreich und CERN gebaut. Ihr Kammervolumen ist 33,5 m³. Mit Hilfe des CERN entwickelten und lieferten S i e m e n s [18] und T h o m s o n - H o u s t o n um 7,7 Msfr nicht weniger als 65 km supraleitendes Kabel und erzeugten daraus die Wicklungen.

Auf Grund der Erfahrungen, die die HEP-Gruppe des *Rutherford Laboratory* auf dem Gebiet der Supraleitung sammeln konnte, wurde übrigens kürzlich der erste Elektromotor mit supraleitenden Wicklungen beim englischen „*Central Electricity Generating Board*" in Betrieb genommen.

Natürlich haben die hohen, mit supraleitenden Magneten erreichbaren Felder (bis 100 KG) auf verschiedensten Gebieten der Grundlagenforschung und Festkörperphysik weite Anwendungen. Das besondere Interesse der Industrie gilt jedoch dem nächsten Schritt: dem gepulsten supraleitenden Magneten. Dieser wird schlechtweg revolutionierend für unsere Energiewirtschaft sein: So würde z. B. die BEBC *ohne* supraleitenden Magneten einen Energieverbrauch von 57 MW haben, *mit* einem solchen beträgt er nur etwa 1 MW, die fast ausschließlich für die Kühlung verwendet wird. Das Problem gepulster Supramagneten ist bereits seit langer Zeit ein intensives Arbeitsgebiet der HEP-er, da die höheren Magnetfelder wesentlich kleinere Radien der Beschleuniger bei höheren Energien erlauben. Aus der Physik wissen wir, daß die Supraleitung im GHz-Gebiet ($\lambda \leq 30$ cm) aufhört; aber bereits weit unterhalb dieser Grenze entstehen hohe Hysterese-Verluste, die proportional dem Leiterquerschnitt senkrecht zum Suprastrom sind. Beim Stromanstieg kann es lokal zu einem Verschwinden der Supraleitung kommen, daher muß man den Supraleiter in einen gewöhnlichen Leiter einbetten, um diesen Normalstrom abzuleiten. Der Hysterese-Effekt wird durch Verarbeitung des supraleitenden Materials in möglichst dünne Litzen verhindert. Wie im Mai 1970 bei der Konferenz im DESY (Hamburg) berichtet wurde, ist nun der Durchbruch gelungen. Durch eine von amerikanischen Physikern für die HEP entwickelte Technik gelang es, 10μ dicke Litzen mit Verlusten von 0,06 Joule/cm^3 herzustellen, die in geeignetem Material aufgehängt sind. Es steht heute fest, daß gepulste Supramagnete für HEP-Beschleuniger gebaut werden können — und daß mit dieser Methode in 2 bis 3 Jahren die ersten supraleitenden Transformatoren industriell herstellbar sind.

Das amerikanische HEP-Laboratorium *Stanford* ist außerdem bereits dabei, supraleitende Hohlraumresonatoren, die eigentlich für Linearbeschleuniger entwickelt wurden, als Frequenzstandard für die US-Kriegsmarine zu liefern.

Nachdem also klar geworden ist, daß die Technologie der *Supraleitung* insbesondere in die europäische Industrie im wesentlichen durch die HEP eingeführt wurde, wenden wir uns dem *Computersektor* zu, wo die HEP eine ähnliche Aufgabe erfüllte.

Zugegebenermaßen besteht noch immer ein Vorsprung der Vereinigten Staaten auf dem Gebiet jener Großcomputer, die für wissenschaftliche Auswertung experimenteller Daten eingesetzt werden. Die Führungsrolle des CERN äußerte sich hier nur im Aufbau eines beispielhaften Computerzentrums. Es enthält eine kombinierte Anlage mit den CDC-Maschinen 6600, 6500 und (ab 1972) 7600. Für die Entwicklung großer Computer in Europa haben die Anregungen des CERN mehr vermocht als viele offizielle Koordinationskonferenzen der großen europäischen Computerfirmen. Anders ist es auf dem Sektor der kleineren Computer, die als sogenannte Prozeßrechner zur Steuerung von Experimenten verwendet

Abbildung 9: Beispiel eines Aufbaues für ein Zählexperiment. Daran ist von rechts nach links der letzte Quadrupol-Magnet der Strahlführung, zylindrische Funkenkammern, ebene Funkenkammern vor dem Analysiermagneten und der Magnet selbst erkennbar. (Dies stellt ein vom Institut für Hochenergiephysik durchgeführtes Experiment zur Untersuchung des Ke_3-Zerfalles dar.)

werden. Von den derzeit ca. 60 bei sogenannten Zählerexperimenten im CERN eingesetzten Rechnern ist tatsächlich bereits ein erheblicher Prozentsatz europäischen Ursprungs.

Bei einem *Zählexperiment* — im Gegensatz zu den mit *Blasenkammern* durchgeführten — sind *Zähler* beziehungsweise *Detektoren* angeordnet, die ansprechen, wenn mehrere Teilchen gleichzeitig in verschiedene Richtungen fliegen. So geben z. B. *Szintillationsdetektoren* Auskunft über das Vorhandensein eines Teilchens, *Funkenkammern* über die genaue Richtung im Raum und *Cerenkov-Zähler* über die Art des Teilchens. Gesteuert von einer schnellen Elektronik, die interessante Ereignisse auswählt, wird nach etwa 50—100 Nanosekunden der Hochspannungsimpuls für die Funkenkammern ausgelöst. Derartige Funkenkammern bestehen heute fast ausschließlich aus zwei parallelen Drahtnetzen, zwischen denen bei Anlegen des Impulses ein Funkenüberschlag dort stattfindet, wo das Teilchen durchgetreten und das in der Kammer befindliche Gas noch für Bruchteile von Sekunden weiter ionisiert geblieben ist. Dieser Funke erzeugt in den beiden Netzen einen elektronischen Impuls, der genau die Durchtrittsstelle angibt und über den Prozeßrechner einerseits auf Magnetbänder gespeichert, andererseits zur sofortigen Berechnung wichtiger Parameter benützt wird. Obwohl der Funke nirgends optisch registriert wurde, ist es mit dem Prozeßrechner möglich, auf einem Bildschirm die Funkenbilder zu Überwachungs-

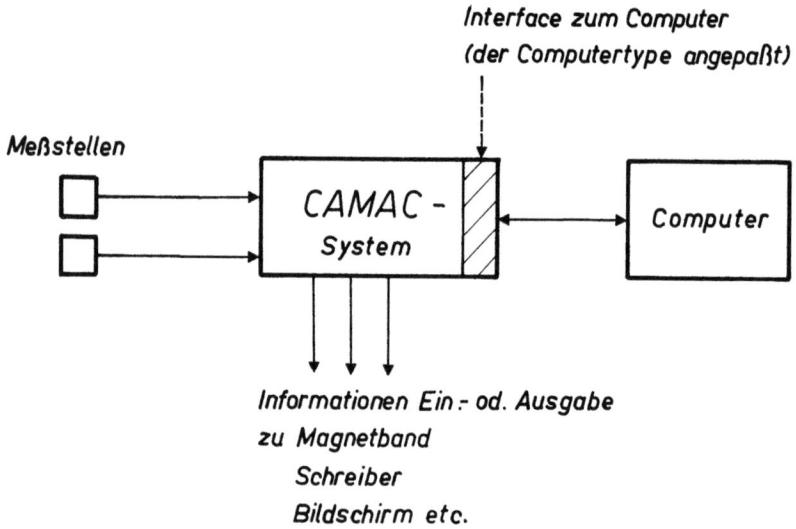

Abbildung 10: Prinzipdarstellung des Camac-Systems

zwecken darzustellen. Der Prozeßrechner kann auch die Regelung von Magnetströmen, Gaszufuhr etc. vornehmen. Um solche komplizierte Regelungen und Überwachungen durchzuführen, muß das sogenannte *Interface*, der Übersetzungsteil zwischen speziellem Computer und spezieller Steuerelektronik des Experimentes mit seinen Meßgeräten, entsprechend ausgelegt sein. Derartige Interfaces und Steuereinrichtungen wurden bis jetzt immer für jedes neue Problem neu konzipiert. Dies kann natürlich nur so lange wirtschaftlich sein — genauso wie bei den heute noch relativ viel einfacheren üblichen industriellen Anwendungen von Prozeßrechnern —, solange keine zu rasche grundsätzliche Umstellung des Experimentes oder der industriellen Anlage auftritt. Dies ist aber bei HEP-Experimenten nicht der Fall. Aus diesem Grunde arbeiteten die Kern- und HEP-Physiker ein System von normierten Grundeinheiten für die elektronische Messung und Überwachung, das CAMAC-System [19], aus. Während diese Grundeinheiten immer gleich bleiben, wird nur das Interface bei Verwendung eines anderen Computers ausgetauscht. Eine englische Firma bietet bereits CAMAC-Einheiten zum Entwerfen und Testen integrierter Schaltungen und Kontrolleinheiten für Werkzeugmaschinen an. Die Firma SEN offeriert einer Zementfabrik ein CAMAC-System mit NOVA-Computer zur Steuerung und Überwachung der Öfen. Die Genfer Stadtwerke wollen die Überwachung der gesamten Wasserversorgung auf CAMAC umstellen. Übrigens werden auch in der psychiatrischen Klinik in Genf EEC-Daueruntersuchungen an schlafenden Patienten mit solchen Einheiten durchgeführt.

Im Zusammenhang mit der CAMAC-Entwicklung muß unbedingt der Einfluß der HEP auf die Elektronikindustrie herausgestrichen werden. Nicht nur, daß Geräte in den CERN-Laboratorien entwickelt und die industrielle Fertigung in kleinen oder größeren Firmen durchgeführt wird, wurden auch derartige Firmen meist von früherem CERN-Personal gegründet. Zwei Musterbeispiele sind SEN und BORER [23], die noch immer eng mit CERN zusammenarbeiten, jedoch nach einigen Jahren Bestand ihre Eigenständigkeit erlangt haben und bereits Entwicklungen für den CERN und die Industrie durchführen. Ihr Programm umfaßt kernphysikalische und meßtechnische Geräte in einem weiten Spektrum. Eine solche Elektronikindustrie und diese Art von Zusammenarbeit ist bis jetzt in Österreich noch unbekannt. Es wäre jedoch sehr empfehlenswert, auch bei uns — schon im Hinblick auf den Bedarf bei der gerade im Baubeginn befindlichen 300 GeV-Maschine — Spezialbetriebe für diese Art von Elektronik, bei deren Entstehen das Österreichische Institut für Hochenergiephysik gerne mithelfen würde, ins Leben zu rufen. Es ist sicher kein Zufall, wenn elektronische Spezialfirmen aller Art rund um Genf, also in der Nähe des CERN, sich niedergelassen haben, jedoch letztlich die ganze europäische Industrie beliefern.

Für eine bestimmte Art von Teilchendetektoren, die sogenannten „Streamerkammern", wurde es erforderlich, kurze Hochspannungsimpulse bis 1000 kV zu erzeugen. Durch eine äußerst kurze Dauer, der Größenordnung Nanosekunden, verhindert man hier einen völligen Durchschlag; der Teilchenbahn folgt ein „Band" (streamer). Die hiefür entwickelten Methoden, die auf dem Prinzip eines Marx-Generators basieren, haben auch eine andere Anwendung gefunden. Durch Drehen der Polarisationsebene in einer Kerr-Zelle mittels eines kurzen Hochspannungsimpulses gelingt es, einen Kameraverschluß für Nanosekundenphotographie herzustellen, der sehr wichtig ist für die Untersuchung von rasch bewegten mechanischen Teilen in der industriellen Forschung.

Ein Problem ganz besonderer Art stellt die Vermessung der hunderttausenden Bilder von Blasenkammeraufnahmen dar. Es ist klar, daß die Verarbeitung nur mit Großcomputern erfolgen kann, doch muß hiefür zuerst die optische Information der Stereophotographie in digitale Sprache übersetzt werden. Der amerikanische Nobelpreisträger A l v a r e z entwickelte hiezu den Spiral Reader, der ein Photo spiralenförmig abtastet. Bekanntlich erfolgt beim Fernsehbild das Abtasten zeilenförmig — diesem Prinzip folgt auch ein automatisches Meßsystem der HEP. Nach verbesserten Plänen einer Interessengruppe von HEP-ern, der auch CERN angehört, baut nun die Firma S a a b erstmalig industriell den Spiral Reader. Das Institut für HEP der Österreichischen Akademie der Wissenschaften hat 1971 als zweites Institut in Europa eine derartige Anlage um etwa 8 Millionen Schilling erhalten. Wie man sich vorstellen kann, liegt eine der Schwirigkeiten, ein solches Gerät zu bauen, in der „Software", der geeigneten Programmierung des zugehörigen Prozeßrechners, bzw. in der nachfolgenden Verarbeitung der Rohdaten in einem Großcomputer. Die Lösung des grundlegenden Problems der Übersetzung optischer Information in digitale wurde jedoch damit erreicht und hatte natürlich bereits weitreichende Konsequenzen. In den USA werden derartige Geräte bereits in der Biologie und Medizin (z. B. zur Vermessung des Wachstums von Bakterienkulturen oder zur Zuordnung von Chromosomenpaaren) eingesetzt; wir hatten aber auch bereits in Wien eine Anfrage, ob man die Neuvermessung der Katasterpläne der Gemeinde Wien nicht mit diesem Gerät durchführen könnte, was durchaus möglich wäre.

Summarisch seien zum Abschluß dieses Abschnittes noch verschiedene weitere technisch verwertete Produkte der HEP angeführt: Der Bau der Speicherringe mit deren extremen Vacua von 10^{-9} bis 10^{-11} Torr über große Volumina war der Anlaß für die Einführung der Ultrahochvakuumtechnik in die europäische Industrie (B a l z e r s, P f e i f f e r). Die Firma A E G - T e l e f u n k e n stellt bereits Sonderrohre her, die bei einigen 10^{-10} Torr abgeschmolzen werden.

In der Medizin sind π-Mesonenstrahlen vermutlich die effektivste Bestrahlung von Krebsgeweben. Biologen verwenden die ultrafeinen Siebe, die bei Bestrahlung von Emulsionen mit π-Mesonen entstehen, um z. B. Blutzellen von Krebszellen zu trennen [20]. Um die Magnete mit 0,1 mm Genauigkeit auf Hunderte von Metern im Beschleuniger zu installieren, baute die geodätische Abteilung des CERN (in engem Kontakt mit dem Internationalen Eich- und Vermessungsbüro) das fortschrittlichste Präzisionsvermessungslabor Europas auf: Genauigkeiten von 10^{-6} über 100 m sind hier bereits zum halbautomatisierten Routineprozeß geworden [21].

Im letzten *CERN-Courier* [24] (September 1971) wird als neuester Beitrag über eine Verwendung von *Vieldrahtproportionalkammern* — der derzeit modernste von HEP-ern entwickelte Detektor zur Ortsbestimmung von Teilchen, der auch am Institut für Hochenergiephysik weiterentwickelt wird — in der Medizin berichtet.

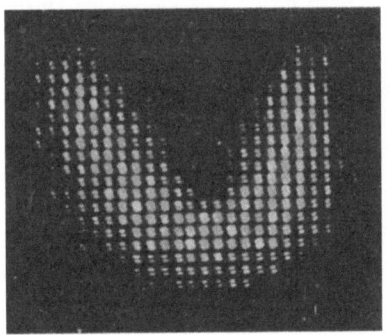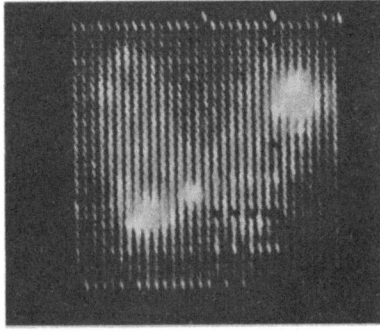

Abbildung 11: Registrierung isotopierter menschlicher Organe mit einer Vieldrahtproportionalkammer. Das linke Bild zeigt die Aufnahme einer gesunden Schilddrüse, das rechte eine krankhaft veränderte

Das „*Centre d'Etudes Nucleaires*" in Grenoble hat in Zusammenarbeit mit der „*Faculty of Medicine*" in Tours diesen Detektor zur Isotopenuntersuchung des menschlichen Körpers adaptiert und auf Grund der höheren Flexibilität gegenüber den bis jetzt üblichen Szintillationsdetektoren ausgezeichnete Ergebnisse erhalten.

Industrieller Fortschritt ohne Grundlagenforschung?
Grundlagenforschung ohne HEP?

Zweifellos ist diese Liste eindrucksvoll, doch wird dadurch die Frage nicht beantwortet, warum nicht direkt, durch gezielte Industrieaufträge, diese

Leistungen ohne den Umweg über die Grundlagenforschung erreicht werden können. Muß denn der Anstoß von außen kommen, von einem der Technik und ihren handfesten Problemen im Grunde fernen Gebiet?

„Gewiß könnte man spekulieren, ob Transistoren von Leuten erfunden sein könnten, die nicht in Quantenmechanik oder Elektronentheorie der festen Körper trainiert waren und in diesem Gebiet produktiv gearbeitet haben. De facto waren die Erfinder der Transistoren aktive Forscher in der fundamentalen Quantentheorie des festen Körpers. Man könnte sich fragen, ob die Schaltungssysteme in modernen Rechenmaschinen von Leuten erfunden sein könnten, die diese Maschinen bauen wollten. De facto wurden sie in den dreißiger Jahren von Physikern erfunden, die Kernteilchen zählen wollten und an Kernphysik interessiert waren. Man könnte sich fragen, ob wir die Kernenergiegewinnung haben, weil gewisse Leute nach neuen Energiequellen suchten oder ob die Suche nach neuen Energiequellen zu der Entstehung des Atomreaktors geführt hätte. Vielleicht — aber es geschah nicht so. Es waren die C u r i e s , R u t h e r f o r d s , F e r m i s , H e i s e n b e r g s und einige mehr. Man könnte sich fragen, ob man, um bessere Kommunikationsmethoden zu bekommen, die elektromagnetischen Wellen gefunden haben würde. Sie wurden nicht so gefunden. Sie wurden von H e r t z gefunden, der nach Schönheit und Tiefe in der Physik strebte und der seine Studien auf die theoretischen Arbeiten M a x w e l l s stützte." [2] Nach unserer Meinung ist der Grund für dieses Phänomen ein psychologischer: Der Industrieforscher hat ein zu großes Spektrum von Möglichkeiten vor Augen, die verfolgt werden könnten. Aus unmittelbaren Gründen der Wirtschaftlichkeit werden daher die eher als Entwicklung zu bezeichnenden Aufgaben ausgewählt. Dort weiß man ja bereits, daß es ein Resultat gibt. Die psychologische Situation des Grundlagenforschers ist völlig anders: Das Streben nach Enträtselung der (relativ wenigen, relativ einfachen) Naturgesetze gibt ein ziemlich eng umschriebenes Ziel. Um es zu erreichen, muß er jedoch auf bestimmten Gebieten der Technik höchste Anforderungen stellen, er kann auf das Vorhandensein technischer Möglichkeiten bis zu einem gewissen Grad keine Rücksicht nehmen. Genau dies ist daher der Anstoß zu völlig neuartigen technischen Entwicklungen.

Eine derartige Konzentration auf spezielle technische Probleme wird natürlich auch durch die Kriegsforschung erzwungen. Die technischen Resultate derartiger Forschung sind der Öffentlichkeit viel deutlicher bewußt und verleiten oft zur resignierten Feststellung, daß doch nur der Krieg der Vater allen Fortschritts sei. Allenfalls wird noch zugestanden, daß der Selbsterhaltungstrieb des Menschen den Anstoß zur naturwissenschaftlichen Bio-Forschung (Medizin, Pharmazeutik) gäbe.

Es kann nicht deutlich genug gesagt werden, daß die nichtmilitärische Grundlagenforschung die humanste Art darstellt, technischen Fortschritt zu stimulieren. Für Europa könnte man sogar noch weiter gehen: Je weiter ein Gebiet von der militärischen Anwendung entfernt ist, umso besser. Denn hier spielt für die Länder unseres Kontinents auch ein wirtschaftlicher Gesichtspunkt herein: Europa, auch als Ganzes gesehen, wird wohl niemals wieder voll mit den Supermächten auf jenen Gebieten der Grundlagenforschung konkurrieren können, die militärisch interessant sind. Auf dem Gebiet der Elementarteilchenphysik und Großbeschleuniger gelang es nach dem Zweiten Weltkrieg — beginnend fast vom Nullpunkt —, die USA (und erst recht die UdSSR) voll einzuholen, wenn nicht sogar zu überholen. Wenn wir anerkennen, daß die auf Ziele der Grundlagenforschung ausgerichtete Anstrengung der geistigen Potenz den Forschern Europas immer wichtigere Anstöße zum technischen Fortschritt gibt, werden wir so zur Schlußfolgerung geführt, daß zur Stimulierung des technischen Fortschritts auch die Förderung der Hochenergiephysik die ökonomischste Vorgangsweise darstellt. Die Tatsache, daß in Europa im Rahmen des CERN ein sonst nirgendwo vorhandenes Ausmaß fruchtbarer internationaler Zusammenarbeit erreicht wurde, daß aber auch der biologisch tief begründete Agressionstrieb statt in kriegsbezogener Forschung hier in unschädlicher Form sich auslebt, sowohl in hartem wissenschaftlichem Wettbewerb als auch in manchmal zu Unrecht geschmähten „Prestigeprojekten", sollte diese Schlußfolgerung nur unterstützen.

Wir haben bei all diesen Überlegungen außerdem den eingangs erwähnten interdisziplinären Rückkoppelungseffekt für die Gesamtstruktur der Wissenschafter noch ganz aus den Augen gelassen. Quantitativ sind diese Einflüsse natürlich viel schwerer zu fassen als die oben erwähnten konkreten technischen Impulse, ihre Bedeutung kann jedoch ebenfalls nicht bestritten werden.

HEP und die österreichische Industrie

Das Institut für Hochenergiephysik der Österreichischen Akademie der Wissenschaften wurde Anfang 1966 gegründet. Nachdem anfangs Blasenkammerphysik betrieben wurde, arbeitet es seit 1968 in internationalen Kollaborationen an technologisch besonders wichtigen Zählexperimenten direkt am CERN-Beschleuniger mit. Heute stehen bereits versierte Fachleute zur Verfügung, und zwar sowohl im Institut selbst als auch im CERN, wo Österreicher in verantwortungsvollen Positionen mit den verschiedensten technischen Aufgaben betraut sind.

Der unmittelbare Nutzeffekt der österreichischen CERN-Beteiligung für die österreichische Industrie ergibt sich durch:
a) Aufträge bei neuen CERN-Projekten,
b) Anregung zu eigenen Entwicklungen durch die technologischen Fortschritte im Zusammenhang mit der HEP,
c) Übernahme wissenschaftlichen und technischen Personals aus der HEP, das in extremen Technologien geschult ist.

Wie im einleitenden Abschnitt erwähnt, werden Industrieaufträge des CERN in strengem Wettbewerb vergeben. Auf Grund von mangelndem Interesse an Informationen über die Möglichkeiten, aber auch oft aus dem trivialen Grund, daß (im Europa des Jahres 1971!) kein sprachkundiger Vertreter sich um derartige Informationen bemüht, entgehen der österreichischen Industrie immer wieder finanziell und technisch interessante Aufträge. Dabei besteht von Seite des CERN größtes Interesse, die verläßliche österreichische Industrie mit ihrem guten Arbeitsklima — verglichen mit manchen anderen europäischen Staaten — in viel stärkerem Ausmaße mit Aufträgen zu betrauen.

Die österreichischen Delegierten im CERN, die Bundeskammer, die österreichische Vertretung in Genf, das österreichische Atomforum und viele andere bemühten sich bereits seit einiger Zeit in Zusammenarbeit mit Österreichern, im CERN diese Situation zu verbessern. Im Frühjahr 1971 fand im CERN erstmalig eine „Österreichische Industrieinformation" statt, doch war dies nur ein erster Schritt. Es dürfte nicht mehr vorkommen, daß ein österreichischer CERN-Angestellter auf eigene Kosten nach Wien reist, um den Direktor einer großen Firma inständig zu bitten, sich um einen für die Zukunft technologisch äußerst interessanten Auftrag zu bewerben und ein von der Bundeskammer organisierter Besuch österreichischer Industrieverantwortlicher im CERN vor etwa zwei Jahren wegen zu geringen Interesses „auf Grund der ohnehin guten Auftragslage" abgesagt werden mußte.

Auf lange Sicht noch viel fruchtbarer als einzelne CERN-Aufträge scheint jedoch das Aufgreifen neuartiger technischer Lösungen, die sich natürlich oft fast ebenso unerwartet ergeben wie die wissenschaftlichen Resultate der HEP selbst. Beispiele wurden oben in großer Zahl gegeben. Das Institut für Hochenergiephysik [22] lädt die Mitarbeiter der Entwicklungsabteilungen der österreichischen Industrie, insbesondere auch der initiativen Kleinbetriebe (etwa auf elektronischem Gebiet), ein, sich in regelmäßigen Abständen über im Gange befindliche oder abgeschlossene technische Entwicklungen im Zusammenhang mit der HEP am Institut zu informieren. Erfahrungsgemäß wird hier das persönliche Fachgespräch günstige Erfolge bringen. Nicht zuletzt stehen auch die Arbeiten des eigenen Labors, in dem Entwicklungen auf verschiedenen technischen Gebieten durchgeführt werden, Interessierten offen. Durch die Entwicklung von Teilchendetektoren und Auswerteapparaten für Experimente beim CERN beschäftigt sich das Institut sowohl mit feinmechanischen Problemen als auch mit modernster Elektronik. Dieses Programm umfaßt einerseits z. B. den Entwurf von dichtest gepackten Printplatten oder Magnetkernspeichern für Funkenkammerauslesung, andererseits den Bau von spezieller Elektronik in Verbindung mit computergesteuerten Apparaturen (elektronische Datenverarbeitung). Das Institut ist aber auch bereit, vermöge seiner engen Beziehungen zum CERN, Fachleute von dort zu Vorträgen im kleinen Rahmen über spezielle Probleme einzuladen, wenn sich dies als förderlich herausstellt. Eine gewisse Orientierung auch in technischer Hinsicht gibt übrigens der „CERN-Kurier", der unentgeltlich (in englischer oder französischer Sprache) vom Public Information Office des CERN monatlich bezogen werden kann.

Die Erziehungs- und Bildungsaufgabe der Grundlagenforschung HEP erstreckt sich natürlich auch insbesondere auf das technische Personal. Obwohl die spezielle Ausbildung der auf technischem Gebiet tätigen Physiker und Ingenieure sowie der Absolventen Höherer Technischer Lehranstalten verständlicherweise möglichst lange dem Institut zugute kommen soll, wird ein rechtzeitiges Hinüberwechseln zur Industrie selbstverständlich ebenfalls als sehr wesentlich betrachtet — schon allein aus personalpolitischen Gründen eines Forschungsinstitutes, das — wie sein Fachgebiet — jung bleiben will. Daneben ist das Institut bereit, technische und wissenschaftliche Angestellte von Industriebetrieben in bestimmten Techniken auszubilden. Übrigens existiert beim CERN selbst seit einiger Zeit dieselbe Möglichkeit. Die Mobilität des Personals ist ja überhaupt eine Grundforderung im technisch-wissenschaftlichen Bereich.

Schlußfolgerung

Die Grundlagenforschung HEP ist ein Beispiel par excellence für ein Fachgebiet, das einerseits von tiefer Bedeutung für die interdisziplinär wechselwirkende Struktur des gesamten Wissenschaftsgebäudes ist, das andererseits aber durch die konzentrierte Aufgabenstellung zur Meisterung technischer Probleme zwingt, die auch dem industriellen Fortschritt dienen. Man ist heute noch oft geneigt, diesen Effekt nur im Zusammenhang mit der militärischen Forschung gelten zu lassen. Schon aus ethischen Gründen sollte ein Forschungsgebiet, das in immer stärkerem Maße die stimulierende Rolle der militärisch orientierten Forschung zu übernehmen imstande ist, in steigendem Ausmaße bearbeitet und gefördert werden.

Zusammenfassung

Nach einer eigehenden Betrachtung der Stellung des neuzeitlichen Forschers und der Grundlagenforschung innerhalb der Gesellschaft werden zahlreiche Beispiele über den Einfluß der Elementarteilchenforschung mit Großbeschleunigern auf die Industrie angeführt. Dies betrifft sowohl Entwicklungen, die von der Industrie immer wieder direkt übernommen wurden, als auch die fruchtbringende Zusammenarbeit zwischen Forschern aus Industrie und Wissenschaft.

Die österreichische Schwerindustrie hat bereits von dieser Zusammenarbeit profitiert, doch das Gebiet der Elektronik mit ihren Spezialdisziplinen Impulstechnik und computerunterstützte Steuerung wurde bis jetzt stiefmütterlich behandelt. Hier bietet sich vor allem durch den derzeit beginnenden Bau des 300 GeV-CERN-Beschleunigers in Genf für Österreich die Chance, durch spezielle Aufträge auf diesem Gebiet zur internationalen Spitze aufzuschließen.

Voraussetzung dazu ist, daß man in dieser bei uns noch verwaisten Sparte die Initiative ergreift und sie entsprechend fördert. Konkret heißt das, daß die einschlägige Industrie Spezialabteilungen ins Leben ruft und damit den Start für eine neue Produktionsmöglichkeit gibt.

Die Entwicklungen des Instituts für HEP könnten dabei bereits unterstützend und vermittelnd wirken. Gerade das Gebiet der Spezialelektronik erscheint prädestiniert als industrieller Schwerpunkt eines kleinen, hochentwickelten Industrielandes.

Danksagung

Die Autoren sind vielen Kollegen für wertvolle Hinweise dankbar, insbesondere Herrn Prof. Dr. V. Weisskopf (MIT), Prof. Dr. J. Adams, Dr. M. G. N. Hine, Dr. K. Hübner, Dr. H. Koziol und Dr. M. Regler (CERN), sowie Dr. Ch. Gottfried und Dr. M. Steuer (Institut für Hochenergiephysik, Wien).

Literatur

[1] W. Thirring, High energy physics and big science; Vortrag anläßlich der X. Internationalen Universitätswochen für Kernphysik, Schladming, Februar 1971.
[2] V. F. Weisskopf, Naturwissenschaft und Gesellschaft; Physikalische Blätter 27, S. 7 (1970).
[3] A. Marinov et al., Evidence for the possible existence of a superheavy element with atomic number 112; Rutherford Lab. Preprint RPP/NS/1 1971.
[4] W. Scheuerle, Pfedelbach-Öhringen (Württemberg, Deutsche Bundesrepublik).
[5] B. Vosicki et al., Linac Accelerator Conference Los Alamos 1966, p. 344.
[6] CSF. — Thompson, Paris (Frankreich).
[7] J. Huguenin et al., The new 50 keV single-gap pre-injector tube for the CERN proton synchroton linac. 2nd Int. Conference on Insulation of HV in Vacuum, Los Alamos 1966.
[8] High voltage Ingenieur Vomp., Amersaat, Holland.
[9] Thompson, Houston, Thonon, France.
[10] VÖEST-Linz, Österreich.
[11] CERN/FC/1365 (11 June, 1971).
[12] Kabelmetall (Deutsche Bundesrepublik).
[13] O. Dressel et al., Der 95-MVA-Stoßleistungsumformersatz für die Strahlführungsmagnete des 28-GeV PS des CERN. Siemens-Zeitschrift 5 (1971), 356.
[14] F. G. Brockmann et al., Ferroxcube for protonsynchrotrons; Philips techn. Rev., Vol. 30 (1969) / Vol. 11/12.
[15] F. Depping, A pulsed power supply (100 V, 1300 A) for Septum Magnets. CERN 70-20 (1970).
[16] Oskar Alge, Electronic KG, Schmidgasse 18, 6890 Lustenau/Vlbg.
[17] Zitiert aus F. Rohrbach; Isolations sous Vide. CERN 71-5.
[18] Siemens-Zeitschrift Februar 1971, 2/71, S. 78.
[19] CAMAC; A modular instrumentation system for data handling EUR 4100 e (EURATOM).
[20] M. G. White, Princeton University, 1971 PPAD 679.
[21] M. G. N. Hine, Vortrag bei EIRMA, Annual Meeting, May 1968 at Scheveningen, Netherlands.
[22] Institut für Hochenergiephysik der österreichischen Akademie der Wissenschaften; 1050 Wien, Nikolsdorfergasse 18, Österreich.
[23] SEN, 31 av. Ernest-Pictet, 1211 Genf 23, Schweiz; BORDER Electronic Company; Solothurn 22, Schweiz.
[24] CERN Courier Nr. 9, Vol, 11, 1971, Seite 257.

MIX
Papier aus verantwortungsvollen Quellen
Paper from responsible sources
FSC® C105338

If you have any concerns about our products,
you can contact us on
ProductSafety@springernature.com

In case Publisher is established outside the EU,
the EU authorized representative is:
**Springer Nature Customer Service Center GmbH
Europaplatz 3, 69115 Heidelberg, Germany**

Printed by Libri Plureos GmbH
in Hamburg, Germany